New York State Regents Examinations in

Chemistry
Spanish
Translation

January 2011 – August 2015

Translated by
Andres Sanchez

Edited by
John E. Parnell

ISBN 978-1625121837

Copyright © 2016, Tutor Turtle Press, LLC

Published by Tutor Turtle Press LLC, 1027 S. Pendleton St., Suite B-10, Easley, SC 29642.

www.TutorTurtlePress.com

TABLE OF CONTENTS

PREFACE

Since the New York State Board of Regents does not provide the Regents Examinations in Physical Setting / Chemistry in Spanish, Tutor Turtle Press, LLC has commissioned a native Spanish speaker to translate the most recent exams into Spanish.

The hope is that by providing these translations to students whose native language is not English, they will meet greater success on the exams.

The exams included in this volume include both the January, June and August exams (when given), from January 2011 through August 2015. Also included in this volume are the Chemistry Reference Tables, 2011 Edition.

REMEMBER: The actual exams are given in English, **NOT** Spanish. Our translated exams are meant to be used only for practice.

La Universidad del Estado de Nueva York

EVALUACIÓN DE SECUNDARIA NIVEL REGENTS

ENTORNOS FÍSICOS
QUÍMICA

Jueves, 27 de enero, 2011 — sólo de 1:15 a 4:15 p.m.

Esta es una prueba de su conocimiento de química. Utilice ese conocimiento para responder todas las preguntas en esta evaluación. Algunas preguntas quizás requieran el uso de la *Edición del 2011 de Tablas de Referencia para Entornos Físicos/Química*. Usted responderá todas las preguntas en todas las partes de esta evaluación de acuerdo a las directrices previstas en este folleto evaluativo.

Las respuestas a todas las preguntas en este evaluativo serán escritas en su folleto separado de respuestas. Asegúrese de llenar el encabezado en el frente de su folleto de respuestas.

Todo el trabajo deberá ser escrito en bolígrafo, excepto los gráficos y dibujos, que deberán ser hechos en lápiz. Usted podrá usar trozos de papel para resolver las respuestas a las preguntas, pero asegúrese de registrar todas sus respuestas en su folleto de respuestas.

Una vez que usted haya terminado su evaluativo, debe firmar la declaración impresa en la primera página de su folleto de respuestas, indicando que usted no tuvo conocimiento ilegal de las preguntas o de las respuestas previo al evaluativo y que usted no dio ni recibió asistencia respondiendo las preguntas durante el evaluativo. Su folleto de respuestas no podrá ser aceptado si usted no firma dicha declaración.

Nótese. . .

Una calculadora científica o de cuatro funciones y una copia de *Edición del 2011 de Tablas de Referencia para Entornos Físicos/Química* deben estar disponible para el uso mientras realiza el evaluativo.

El uso de cualquier dispositivo de comunicación está estrictamente prohibido durante la evaluación. Si usted usa algún dispositivo de comunicación, independientemente de lo corto de su uso, su evaluación será invalidada y ninguna puntuación se le calculará.

NO ABRA ESTE FOLLETO EVALUATIVO HASTA QUE SEA DADA LA SEÑAL.

Parte A

Responda todas las preguntas en esta parte.

Direcciones (1–30): Para *cada* declaración o pregunta, escriba en su folleto de respuestas el *número* de la palabra o expresión que, de las dadas, mejor completa la declaración o responda la pregunta. Algunas preguntas quizás requieran el uso de la *Edición del 2011 de Tablas de Referencia para Entornos Físicos/Química*.

1 Una orbital es una región de espacio donde hay una alta probabilidad de encontrar

  (1) un protón   (3) un neutrón

  (2) un positrón   (4) un electrón

2 ¿Qué declaración empareja a una partícula subatómica con su carga?

  (1) Un neutrón tiene una carga negativa.

  (2) Un protón tiene una carga positiva.

  (3) Un neutrón no tiene carga.

  (4) Un protón no tiene carga

3 Un átomo de cualquier elemento debe contener

  (1) un número igual de protones y neutrones

  (2) un número igual de protones y electrones

  (3) más electrones que neutrones

  (4) más electrones que protones

4 ¿Qué declaración compara las masas de dos partículas subatómicas?

  (1) La masa de un electrón es mayor que la masa de un protón.

  (2) La masa de un electrón es mayor que la masa de un neutrón.

  (3) La masa de un protón es mayor que la masa de un electrón.

  (4) La masa de un protón es mayor que la masa de un neutrón.

5 El espectro luminoso del sodio se produce cuando la energía es

  (1) absorbida mientras los electrones se mueven desde las capas más altas a las más bajas

  (2) absorbida mientras los electrones se mueven desde las capas más bajas a las más altas

  (3) liberada mientras los electrones se mueven desde las capas más altas a las más bajas

  (4) liberada mientras los electrones se mueven desde las capas más bajas a las más altas

6 La valencia de electrones de un átomo de germanio en estado fundamental se ubican en la

  (1) primera capa   (3) tercera capa

  (2) segunda capa   (4) cuarta capa

7 Los elementos en la Tabla Periódica están organizados en orden creciente de

  (1) masa atómica

  (2) número atómico

  (3) primera energía de ionización

  (4) estado de oxidación seleccionado

8 ¿Qué lista de elementos contiene un metal, un metaloide, un no metal, y un gas noble?

  (1) Be, Si, Cl, Kr   (3) K, Fe, B, F

  (2) C, N, Ne, Ar   (4) Na, Zn, As, Sb

9 Las dos formas de oxígeno, $O_2(g)$ y $O_3(g)$, tienen

  (1) estructuras moleculares diferentes y propiedades idénticas

  (2) diferentes estructuras moleculares y propiedades

  (3) idénticas estructuras moleculares y propiedades

  (4) estructuras moleculares idénticas y propiedades diferentes

10 La suma de las masas atómicas de los átomos en una molécula de $C_3H_6Br_2$ se llama

  (1) masa formular

  (2) masa isotópica

  (3) abundancia porcentual

  (4) composición porcentual

11 ¿Cuál es el número total de pares de electrones compartido entre dos átomos en una molécula de O_2?

  (1) 1   (3) 6

  (2) 2   (4) 4

12 Cuando un átomo de litio pierde un electrón, el átomo se convierte en

(1) un ion negativo con un radio más pequeño que el radio del átomo
(2) un ion negativo con un radio más grande que el radio del átomo
(3) un ion positivo con un radio más pequeño que el radio del átomo
(4) un ion positivo con un radio más grande que el radio del átomo

13 Dada la ecuación balanceada representado una reacción:

$$2NaCl \rightarrow 2Na + Cl_2$$

Para romper los enlaces en el NaCl, el reactante debe

(1) absorber energía   (3) destruir energía
(2) crear energía   (4) liberar energía

14 Un compuesto molecular se forma cuando ocurre una reacción química entre átomos de

(1) cloro y sodio
(2) cloro e itrio
(3) oxígeno e hidrógeno
(4) oxígeno y magnesio

15 ¿Qué sustancia *no* puede ser quebrada por medios químicos?

(1) amoníaco   (3) metano
(2) antimonio   (4) agua

16 ¿Cuáles dos propiedades físicas permiten que una mezcla se separe por cromatografía?

(1) dureza y punto de ebullición
(2) densidad y capacidad calorífica específica
(3) maleabilidad y conductividad térmica
(4) solubilidad y polaridad molecular

17 La solubilidad del KCl(s) en agua depende de

(1) la presión en la solución
(2) la velocidad de agitación
(3) el tamaño de la muestra de KCl
(4) la temperatura del agua

18 ¿Qué muestra de agua contiene partículas con el mayor promedio de energía cinética?

(1) 25 mL de agua a 95°C
(2) 45 mL de agua a 75°C
(3) 75 mL de agua a 75°C
(4) 95 mL de agua a 25°C

19 ¿Bajo qué condiciones de temperatura y presión el dióxido de carbono gaseoso se comporta más como un gas ideal?

(1) temperatura y presión bajas
(2) temperatura baja y presión alta
(3) temperatura alta y presión baja
(4) temperatura y presión altas

20 ¿Qué proceso resulta en un cambio químico?

(1) romper papel de aluminio
(2) derretir una barra de hierro
(3) aplastar una lata de aluminio
(4) quemar cintas de magnesio

21 Para una reacción química, el calor de la reacción es igual a

(1) sólo energía potencial de los reactantes
(2) sólo energía potencial de los productos
(3) la energía potencial de los productos más la energía potencial de los reactantes
(4) la energía potencial de los productos menos la energía potencial de los reactantes

22 Dada la ecuación representando a un sistema en equilibrio:

$$2SO_2(g) + O_2(g) \rightleftharpoons 2SO_3(g)$$

En equilibrio, la concentración de

(1) $SO_2(g)$ debe igualar la concentración de $SO_3(g)$
(2) $SO_2(g)$ debe ser constante
(3) $O_2(g)$ debe igualar la concentración de $SO_2(g)$
(4) $O_2(g)$ debe ser decreciente

23 Los dos isómeros de butano tienen diferentes

(1) masas formulares   (3) formulas moleculares

(2) formulas empíricas   (4) formulas estructurales

24 Una reacción de oxidación-reducción involucra

(1) el compartimiento de electrones
(2) el compartimiento de protones
(3) la transferencia de electrones
(4) la transferencia de protones

25 ¿Qué cambio ocurre en una celda voltaica operativa?

(1) químico a eléctrico
(2) eléctrico a químico
(3) químico a nuclear
(4) nuclear a químico

26 ¿Qué compuesto es un electrolito?

(1) buteno   (3) éter dimetílico

(2) propano   (4) ácido metanoico

27 De acuerdo a la teoría de Arrhenius, una base reacciona con un ácido para producir

(1) amoníaco y metano
(2) amoníaco y sal
(3) agua y metano
(4) agua y sal

28 ¿Cuál es uno de los beneficios asociados con una reacción de fisión nuclear?

(1) Los productos no son radioactivos.
(2) Los isotopos estables son usados como reactantes.
(3) No hay chance de exposición biológica.
(4) Una gran cantidad de energía es producida.

29 Which balanced equation represents a fusion reaction?

(1) $^{235}_{92}U + ^{1}_{0}n \rightarrow ^{93}_{36}Kr + ^{140}_{56}Ba + 3^{1}_{0}n$

(2) $^{2}_{1}H + ^{3}_{1}H \rightarrow ^{4}_{2}He + ^{1}_{0}n$

(3) $^{14}_{7}N + ^{4}_{2}He \rightarrow ^{17}_{8}O + ^{1}_{1}H$

(4) $^{228}_{88}Ra \rightarrow ^{228}_{86}Rn + ^{4}_{2}He$

30 ¿Qué radioisótopo emite partículas alfa?

(1) Fe-53   (3) Au-198

(2) Sr-90   (4) Pu-239

Parte B–1

Responda todas las preguntas en esta parte.

Direcciones (31–50): Para *cada* declaración o pregunta, registre en su folleto de respuestas el *número* de la palabra o expresión que, de las dadas, mejor completa la declaración o responda la pregunta. Algunas preguntas quizás requieran el uso de la *Edición del 2011 de Tablas de Referencia para Entornos Físicos/Química*.

31 ¿Cuál configuración de electrones representa los electrones de un átomo en un estado de excitación?

(1) 2-1   (3) 2-8-7
(2) 2-7-4   (4) 2-4

32 ¿Cuál es el número de neutrones total en un átomo de O-18?

(1) 18   (3) 10
(2) 16   (4) 8

33 ¿Cuál es la carga neta de un ion que tiene 8 protones, 9 neutrones y 10 electrones?

(1) 1+   (3) 1–
(2) 2+   (4) 2–

34 ¿Qué elemento es maleable y un buen conductor de electricidad en STP?

(1) argón   (3) yodo
(2) carbono   (4) plata

35 ¿Qué elemento tiene las propiedades químicas más similares a las propiedades químicas del sodio?

(1) berilio   (3) litio
(2) calcio   (4) magnesio

36 Si un elemento, *X*, puede formar un óxido que tenga la fórmula X_2O_3, entonces ese elemento probablemente estaría ubicado en la Tabla Periódica en el mismo grupo de

(1) Ba   (3) In
(2) Cd   (4) Na

37 ¿Cuál es la masa total de KNO_3 que debe ser disuelta en 50. gramos de H_2O a 60°C para hacer una solución saturada?

(1) 32 g   (3) 64 g
(2) 53 g   (4) 106 g

38 ¿Qué declaración describe las tendencias generales en electronegatividad y propiedades metálicas en la manera como los elementos en el Período 2 se consideran orden creciente de número atómico?

(1) Tanto electronegatividad como propiedades metálicas disminuyen.
(2) Tanto electronegatividad como propiedades metálicas aumentan.
(3) Electronegatividad disminuye y las propiedades metálicas aumentan.
(4) Electronegatividad aumentan y las propiedades metálicas disminuyen.

39 ¿Cuál ecuación balanceada representa una reacción de desplazamiento simple?

(1) $Mg + 2AgNO_3 \rightarrow Mg(NO_3)_2 + 2Ag$
(2) $2Mg + O_2 \rightarrow 2MgO$
(3) $MgCO_3 \rightarrow MgO + CO_2$
(4) $MgCl_2 + 2AgNO_3 \rightarrow 2AgCl + Mg(NO_3)_2$

40 Given the balanced equation representing a reaction:

$$Fe(s) + 2HCl(aq) \rightarrow FeCl_2(aq) + H_2(g)$$

Esta reacción ocurre más rápido cuando hierro en polvo es usado en vez de una sola pieza de hierro de la misma masa ya que el hierro en polvo

(1) actúa mejor como un catalizador que la sola pieza de hierro
(2) absorbe menos energía que la sola pieza de hierro
(3) tiene una mayor área de superficie que la sola pieza de hierro
(4) es metálico que la sola pieza de hierro

41 La temperatura de una muestra de agua cambia de 10°C a 20°C cuando la muestra absorbe 418

(1) 1 g   (3) 100 g
(2) 10 g   (4) 1000 g

joules de calor. ¿Cuál es la masa de la muestra?

42 Dada la reacción a 101.3 kilopascales y 298 K:

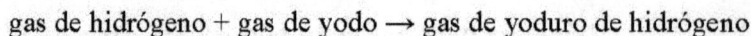

gas de hidrógeno + gas de yodo → gas de yoduro de hidrógeno

Esta reacción se clasifica como

(1) endotérmica, ya que se absorbe calor
(2) endotérmica, ya que se libera calor
(3) exotérmica, ya que se absorbe calor
(4) exotérmica, ya que se libera calor

43 Dada la ecuación:

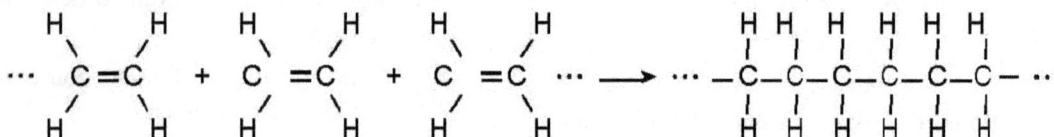

¿Qué tipo de reacción es representada por esta ecuación?

(1) combustión   (3) polimerización
(2) esterificación   (4) sustitución

44 La siguiente gráfica representa el calentamiento uniforme de una muestra de una sustancia que comienza como un sólido por debajo de su punto de congelación.

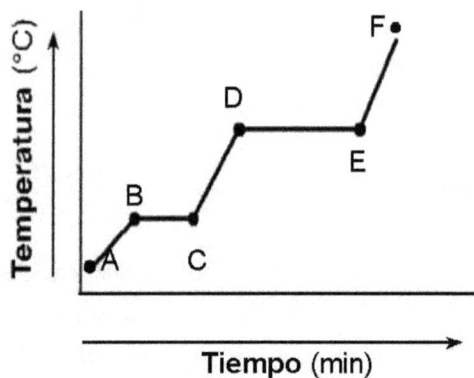

¿Qué declaración describe lo que le pasa a la energía de las partículas durante el intervalo de tiempo *DE*?

(1) La energía cinética promedio aumenta, y la energía potencial se mantiene igual.
(2) La energía cinética promedio disminuye, y la energía potencial se mantiene igual.
(3) La energía cinética promedio se mantiene igual, y la energía potencial aumenta.
(4) La energía cinética promedio se mantiene igual, y la energía potencial disminuye.

45 ¿Qué molécula tiene un enlace covalente no polar?

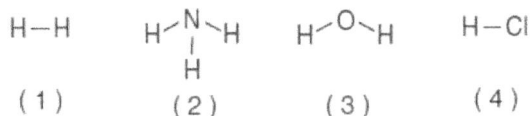

$$H-H \qquad H-\overset{\overset{\displaystyle N}{|}}{\underset{\displaystyle H}{}}-H \qquad H-\overset{O}{}-H \qquad H-Cl$$

(1)   (2)   (3)   (4)

46 Dada la ecuación representando una reacción en equilibrio:

$$N_2(g) + 3H_2(g) \rightleftharpoons 2NH_3(g)$$

¿Qué ocurre cuando se aumenta la concentración de $H_2(g)$?

(1) El equilibrio se mueve hacia la izquierda, y la concentración de $N_2(g)$ disminuye.
(2) El equilibrio se mueve hacia la izquierda, y la concentración de $N_2(g)$ aumenta.
(3) El equilibrio se mueve hacia la derecha, y la concentración de $N_2(g)$ disminuye.
(4) El equilibrio se mueve hacia la izquierda, y la concentración de $N_2(g)$ aumenta.

47 ¿Cuál ecuación iónica esta balanceada?

(1) $Fe^{3+} + Al \rightarrow Fe^{2+} + Al^{3+}$
(2) $Fe^{3+} + 3Al \rightarrow Fe^{2+} + 3Al^{3+}$
(3) $3Fe^{3+} + Al \rightarrow 3Fe^{2+} + Al^{3+}$
(4) $3Fe^{3+} + Al \rightarrow Fe^{2+} + 3Al^{3+}$

48 La siguiente tabla da información acerca de cuatro soluciones acuosas a presión estándar.

Cuatro Soluciones Acuosas

Solución Acuosa	Concentración (M)	Soluto
A	2.0	$BaCl_2$
B	2.0	$NaNO_3$
C	1.0	$C_6H_{12}O_6$
D	1.0	K_2SO_3

¿Cuál lista de soluciones está organizada en el orden de mayor punto de ebullición a menor punto de ebullición?

(1) A, B, D, C (3) C, D, B, A
(2) A, C, B, D (4) D, B, C, A

49 ¿Cuál es el número total de años que deben pasar antes de que solo 25.00 gramos de una muestra original de 100.0-gramos de C-14 permanezca sin alteraciones?

(1) 2865 a   (3) 11 460 a
(2) 5730 a   (4) 17 190 a

50 ¿Qué radioisótopo es usado para diagnosticar desordenes tiroideos?

(1) U-238   (3) I-131
(2) Pb-206   (4) Co-60

Parte B–2

Responda todas las preguntas en esta parte.

Direcciones (51– 65): Registre sus respuestas en los espacios previstos en su folleto de respuestas. Algunas preguntas quizás requieran el uso de la *Edición del 2011 de Tablas de Referencia para Entornos Físicos/Química.*

51 Explique, en términos de diferencias de electronegatividad, porque el enlace en una molécula de HF es más polar que el enlace en una molécula de HI. [1]

52 Explique, en términos de actividad, porque el HCl(aq) reacciona con el Zn(s), pero porque el HCl(aq) *no* reacciona con el Cu(s). [1]

53 El cobre tiene dos isotopos naturales. En la siguiente tabla se muestra información acerca de los dos isotopos mencionados.

Isotopos Naturales del Cobre

Isotopo	Masa Atómica (unidades de masa atómica, u)	Porcentaje Natural Abundancia (%)
Cu-63	62.93	69.17
Cu-65	64.93	30.83

En el espacio *en su folleto de respuestas*, muestre un escenario numérico para el cálculo de la masa atómica del cobre. [1]

_____

Base sus respuestas a las preguntas 54 y 55 en la siguiente información.

En un experimento, 2.54 gramos de cobre reaccionan en su totalidad con el azufre, produciendo 3.18 gramos de sulfuro de cobre(I).

54 Determine el total de la masa de azufre consumida. [1]

55 Escriba la fórmula química del compuesto producido. [1]

_____

Base sus respuestas a las preguntas 56 and 57 en la siguiente información.

Propiedades Físicas del CF_4 y NH_3
en Presión Estándar

Compuesto	Punto de Fusión (°C)	Punto de Ebullición (°C)	Solubilidad en Agua a 20.0°C
CF_4	−183.6	−127.8	insoluble
NH_3	−77.7	−33.3	soluble

56 Exponga la evidencia que indica que el NH_3 tiene fuerzas intermoleculares mas poderosas que el CF_4. [1]

57 En el espacio previsto *en su folleto de respuestas*, dibuje a diagrama de Lewis para el CF_4. [1]

Base sus respuestas a las preguntas 58 y 59 en la siguiente información.

Una solución acuosa de 2.0-litros contiene un total de 3.0 moles de NH_4Cl disuelto a 25°C y en presión estándar.

58 Determine la molaridad de la solución. [1]

59 Identifique dos iones presentes en el soluto. [1]

Base sus respuestas a las preguntas 60 y 61 en la siguiente información.

La reacción química entre el metano y el oxígeno es representada por los siguientes diagramas de energía potencial y ecuación balanceada.

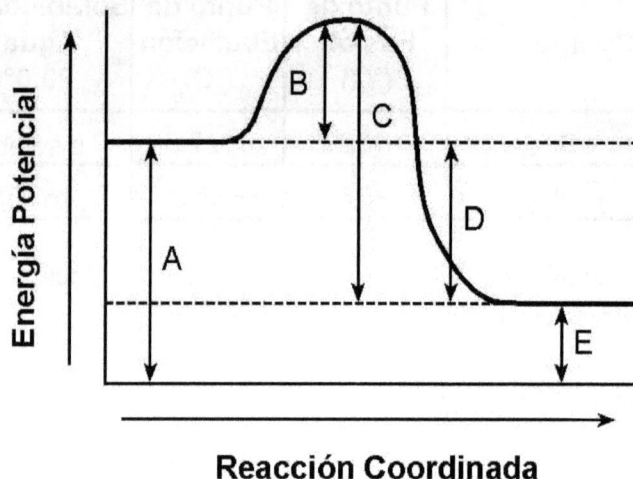

Reacción Coordinada

$$CH_4(g) + 2O_2(g) \rightarrow CO_2(g) + 2H_2O(\ell) + 890.4 \text{ kJ}$$

60 ¿Qué intervalo de energía potencial en el diagrama representa la energía de activación de la reacción directa? [1]

61 Explique, en términos de la teoría de colisión, porque una baja concentración de oxígeno *disminuye* la velocidad de esta reacción. [1]

Base sus respuestas a las preguntas 62 y 63 en la siguiente información.

La siguiente ecuación iónica balanceada y diagrama representan una celda voltaica con electrodos de cobre y plata, asi como la reacción que ocurre cuando la celda está operando.

Celda Voltaica

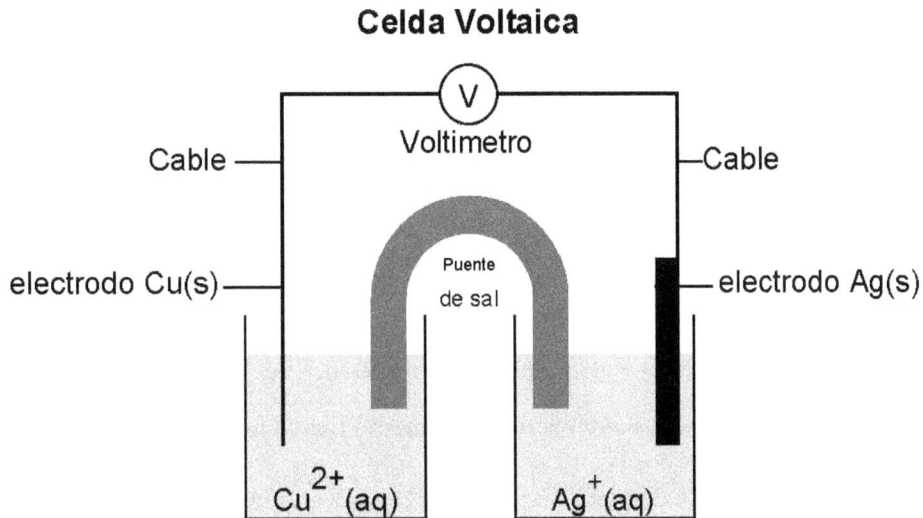

$$Cu(s) + 2Ag^+(aq) \longrightarrow Cu^{2+}(aq) + 2Ag(s)$$

62 Describa la dirección del flujo de electrones en el circuito externo de esta celda operativa. [1]

63 Exponga el propósito del puente de sal en esta celda voltaica. [1]

Base sus respuestas a las preguntas 64 y 65 en la siguiente información.

Una muestra de 20.0-mililitros de HCl(aq) es neutralizada en su totalidad por 32.0 mililitros de 0.50 M KOH(aq).

64 Calcule la molaridad del HCl(aq). Su respuesta debe incluir *ambos*, tanto el escenario numérico como el cálculo del resultado. [2]

65 De acuerdo a los datos, ¿hasta qué número de cifras significantes debe ser expresada la molaridad del HCl(aq) ? [1]

Parte C

Responda todas las preguntas en esta parte.

Direcciones (51– 65): Registre sus respuestas en los espacios previstos en su folleto de respuestas. Algunas preguntas quizás requieran el uso de la *Edición del 2011 de Tablas de Referencia para Entornos Físicos/Química*.

Base sus respuestas a las preguntas de la 66 a la 68 en la siguiente información.

A principios de los 1800s, John Dalton propuso una teoría atómica basada en observaciones experimentales hechas por varios científicos. Tres conceptos de la teoría atómica de Dalton son declarados abajo.

Declaración *A*: Los átomos son indivisibles y no pueden ser destruidos o quebrados en partes más pequeñas.

Declaración *B*: Los átomos de un elemento no pueden ser cambiados en átomos de otro elemento.

Declaración *C*: Todos los átomos de un elemento tienen la misma masa.

66 Explique, en términos de partículas, porque la declaración *A* dejo de ser aceptada. [1]

67 La desintegración del N-16 es representada por la siguiente ecuación balanceada.

$$_{7}^{16}\text{N} \rightarrow \, _{-1}^{0}\text{e} + \, _{8}^{16}\text{O}$$

Exponga la evidencia que indica que la declaración *B no* siempre es verdadera. [1]

68 Explique, en términos de las partículas en los átomos de un elemento, porque la declaración *C* es *falsa*. [1]

Base sus respuestas a las preguntas de la 69 a la 71 en la siguiente información.

Una tableta de un antiácido contiene ácido cítrico, $H_3C_6H_5O_7$, y carbonato de hidrógeno de sodio, $NaHCO_3$. Cuando la tableta se disuelve en agua, burbujas de CO_2 son producidas. Esta reacción es representada por la siguiente ecuación incompleta.

$$H_3C_6H_5O_7(aq) + 3NaHCO_3(aq) \rightarrow Na_3C_6H_5O_7(aq) + 3CO_2(g) + 3 \underline{\qquad} (\ell)$$

69 Complete la ecuación *en su folleto de respuestas* escribiendo la fórmula del producto faltante. [1]

70 Exponga la evidencia de que una reacción química tuvo lugar cuando la tableta fue puesta en agua. [1]

71 Determine el número total de moles de carbonato de hidrógeno de sodio que reaccionarán en su totalidad con 0.010 de mol de ácido cítrico. [1]

Base sus respuestas a las preguntas de la 72 a la 74 en la siguiente información.

Las compresas frías son usadas para tratar lesiones menores. Algunas compresas frías contienen $NH_4NO_3(s)$ y un paquete pequeño de agua a temperatura ambiente previo a su activación. Para activar este tipo de compresa fría, el paquete pequeño debe ser roto para mezclar el agua y el $NH_4NO_3(s)$. La temperatura de esta mezcla disminuye 2°C aproximadamente y se mantiene a esta temperatura de 10 a 15 minutos.

72 Declare la dirección del flujo de calor que ocurre cuando la compresa fría es aplicada al cuerpo. [1]

73 Identifique *ambos* tipos de enlaces en el $NH_4NO_3(s)$. [1]

74 Identifique el tipo de mezcla formada cuando el $NH_4NO_3(s)$ se disuelve completamente en el agua. [1]

Base sus respuestas a las preguntas de la 75 a la 77 en la siguiente información.

El litargirio, PbO, es un mineral que puede ser asado (calentado) en la presencia del monóxido de carbono, CO, para producir plomo elemental. La reacción que tiene lugar durante el proceso de asado es representada por la siguiente ecuación balanceada.

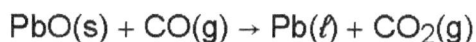

$$PbO(s) + CO(g) \rightarrow Pb(\ell) + CO_2(g)$$

75 Escriba la ecuación balanceada para la media reacción de reducción que ocurre durante este proceso de asado. [1]

76 Determine el número de oxidación del carbono en el monóxido de carbono. [1]

77 Calcule la composición porcentual por masa de oxígeno en el litargirio (masa gramo-fórmula = 223.2 gramos por mol). Su respuesta debe incluir *ambos*, tanto escenario numérico como cálculo del resultado.

Base sus respuestas a las preguntas de la 78 a la 80 en la siguiente información.

En una reacción orgánica industrial, el C_3H_6 reacciona con agua en la presencia de un catalizador. Esta reacción es representada por la siguiente ecuación balanceada.

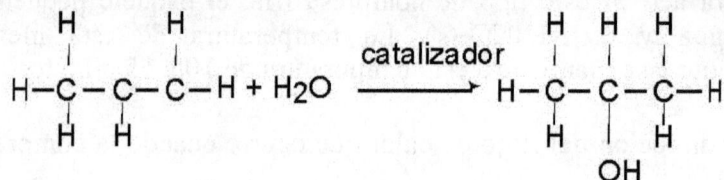

$$
\underset{\begin{array}{c}H\;\;H\\|\;\;\;|\\H-C-C-C-H\\|\;\;\;|\\H\;\;H\end{array}}{} + H_2O \xrightarrow{\text{catalizador}} \underset{\begin{array}{c}H\;\;H\;\;H\\|\;\;\;|\;\;\;|\\H-C-C-C-H\\|\;\;\;|\;\;\;|\\H\;\;\;\;\;\;H\\OH\end{array}}{}
$$

78 Explique, en términos de enlazamiento, porque el C_3H_6 se clasifica como un hidrocarburo insaturado. [1]

79 Escriba el nombre IUPAC para el reactante orgánico. [1]

80 Identifique la clase de compuesto a cuál pertenece el producto de la reacción. [1]

Base sus respuestas a las preguntas de la 81 a la 83 en la siguiente información.

Un estudiante, usando lentes químicos de seguridad y una bata de laboratorio, está por realizar una prueba de laboratorio para determinar el valor pH de dos soluciones diferentes. Al estudiante se le da una botella que contiene una solución con un pH de 2.0 y otra botella que contiene una solución con un pH de 5.0. Al estudiante también se le dan seis frascos cuentagotas, cada uno conteniendo un indicador diferente catalogado en la Tabla de Referencia M.

81 Declare *una* medida de precaución, *no* mencionada en el fragmento, que el estudiante debería tomar al realizar prueba en las muestras de las botellas. [1]

82 Identifique un indicador en la Tabla de Referencia M que permita diferenciar las dos soluciones. [1]

83 Compare la concentración del ion de hidrógeno de la solución que tiene un pH de 2.0 con la concentración del ion de hidrógeno de la otra solución dada al estudiante. [1]

La Universidad del Estado de Nueva York

EVALUACIÓN DE SECUNDARIA NIVEL REGENTS

ENTORNOS FÍSICOS
QUÍMICA

Miércoles, 22 de Junio, 2011 — solo de 1:15 a 4:15 p.m.

Esta es una prueba de su conocimiento de química. Utilice ese conocimiento para responder todas las preguntas en esta evaluación. Algunas preguntas quizás requieran el uso de las *Tablas de Referencia para Entornos Físicos/Química.* Usted responderá *todas* las preguntas en todas las partes de esta evaluación de acuerdo a las directrices previstas en este folleto evaluativo.

Las respuestas a todas las preguntas en este evaluativo serán escritas en su folleto separado de respuestas. Asegúrese de llenar el encabezado en el frente de su folleto de respuestas.

Todo el trabajo deberá ser escrito en bolígrafo, excepto los gráficos y dibujos, que deberán ser hechos en lápiz. Usted podrá usar trozos de papel para resolver las respuestas a las preguntas, pero asegúrese de registrar todas sus respuestas en su folleto de respuestas.

Una vez que usted haya terminado su evaluativo, debe firmar la declaración impresa en la primera página de su folleto de respuestas, indicando que usted no tuvo conocimiento ilegal de las preguntas o de las respuestas previo al evaluativo y que usted no dio ni recibió asistencia respondiendo las preguntas durante el evaluativo. Su folleto de respuestas no podrá ser aceptado si usted no firma dicha declaración.

Nótese. . .

Una calculadora científica o de cuatro funciones y una copia de las *Tablas de Referencia para Entornos Físicos/Química* deben estar disponible para el uso mientras realiza el evaluativo.

El uso de cualquier dispositivo de comunicación está estrictamente prohibido durante la evaluación. Si usted usa algún dispositivo de comunicación, independientemente de lo corto de su uso, su evaluación será invalidada y ninguna puntuación se le calculará.

NO ABRA ESTE FOLLETO EVALUATIVO HASTA QUE SEA DADA LA SEÑAL.

Parte A

Responda todas las preguntas en esta parte.

Direcciones (1–30): Para *cada* declaración o pregunta, escriba en su folleto de respuestas el *número* de la palabra o expresión que, de las dadas, mejor completa la declaración o responda la pregunta. Algunas preguntas quizás requieran el uso de las *Tablas de Referencia para Entornos Físicos/Química*.

1 Un neutrón tiene una carga de

   (1) +1   (3) 0
   (2) +2   (4) −1

2 ¿Cuál partícula tiene la *menor* masa?

   (1) partícula alfa   (3) neutrón
   (2) partícula beta   (4) protón

3 Una muestra de material debe ser cobre si

   (1) cada átomo en la muestra tiene 29 protones
   (2) los átomos en la muestra reaccionan con oxígeno
   (3) la muestra se derrite a 1768 K
   (4) la muestra puede conducir electricidad

4 En el modelo nube de electrones del átomo, una orbital se define como la más probable

   (1) carga de un electrón
   (2) conductividad de un electrón
   (3) ubicación de un electrón
   (4) masa de un electrón

5 Los elementos en la Tabla Periódica están ordenados en orden creciente de

   (1) número atómico
   (2) número de masa
   (3) número de isotopos
   (4) número de moles

6 ¿Qué elemento tiene el punto de fusión más alto?

   (1) tántalo   (3) osmio
   (2) renio   (4) hafnio

7 En una reacción química, existe la conservación de

   (1) energía, volumen y masa
   (2) energía, volumen y carga
   (3) masa, carga y energía
   (4) masa, carga y volumen

8 En STP, tanto el diamante como el grafito son sólidos compuestos de átomos de carbón. Estos sólidos tienen

   (1) la misma estructura cristalina y las mismas propiedades
   (2) la misma estructura cristalina y diferentes propiedades
   (3) diferente estructura cristalina y las mismas propiedades
   (4) diferentes estructura cristalina y diferentes propiedades

9 La masa fórmula-gramo de un compuesto es 48 gramos. La masa de 1.0 mol de este compuesto es

   (1) 1.0 g   (3) 48 g
   (2) 4.8 g   (4) 480 g

10 Dada la ecuación balanceada representando una reacción:

$$Cl_2 \rightarrow Cl + Cl$$

¿Qué ocurre durante esta reacción?

   (1) Se rompe un enlace mientras la energía es absorbida.
   (2) Se rompe un enlace mientras la energía es liberada.
   (3) Se forma un enlace mientras la energía es absorbida.
   (4) Se forma un enlace mientras la energía es liberada.

11 ¿Cuál átomo tiene la atracción *más débil* por los electrones en un enlace con un átomo de H?

   (1) átomo de Cl   (3) átomo de O
   (2) átomo de F   (4) átomo de S

12 ¿Qué sustancia *no* puede ser quebrada por un cambio químico?

   (1) amoníaco   (3) propano
   (2) mercurio   (4) agua

13 A presión estándar, como se compara el punto de ebullición y el punto de congelación del NaCl(aq) con el punto de ebullición y el punto de congelación del H$_2$O(ℓ)?

(1) Tanto el punto de ebullición como el punto de congelación del NaCl(aq) son inferiores.

(2) Tanto el punto de ebullición como el punto de congelación del NaCl(aq) son superiores.

(3) El punto de ebullición del NaCl(aq) es inferior, y el punto de congelación del NaCl(aq) es superior.

(4) El punto de ebullición del NaCl(aq) es superior, y el punto de congelación del NaCl(aq) es inferior

14 La temperatura de una muestra de material es medida de la

(1) energía cinética promedio de sus partículas

(2) energía potencial promedio de sus partículas

(3) energía cinética total de sus partículas

(4) energía potencial total de sus partículas

15 De acuerdo a la teoría cinética molecular, las partículas de un gas ideal

(1) no tienen energía potencial

(2) tienen fuerzas intermoleculares intensas

(3) están ordenadas en un patrón geométrico regular y repetido

(4) están separadas por grandes distancias, comparadas a su tamaño

16 Dada la ecuación representando un Sistema cerrado:

$$N_2O_4(g) \rightleftharpoons 2NO_2(g)$$

¿Qué declaración describe este sistema en equilibrio?

(1) El volumen del NO$_2$(g) es mayor que el volumen del N$_2$O$_4$(g).

(2) El volumen del NO$_2$(g) es menor que el volumen del N$_2$O$_4$(g).

(3) La velocidad de la reacción directa y la velocidad de la reacción inversa son iguales.

(4) La velocidad de la reacción directa y la velocidad de la reacción inversa son desiguales.

17 En una reacción química, la diferencia entre la energía potencial de los productos y la energía potencial de los reactantes es igual al

(1) energía de activación (3) calor de reacción

(2) energía cinética (4) tasa de reacción

18 Para una reacción química dada, la adición de un catalizador provee un camino de reacción distinto que

(1) disminuye la velocidad de reacción y tiene una energía de activación superior

(2) disminuye la velocidad de reacción y tiene una energía de activación inferior

(3) aumenta la velocidad de reacción y tiene una energía de activación superior

(4) aumenta la velocidad de reacción y tiene una energía de activación inferior

19 ¿Qué átomos se pueden enlazar unos a los otros para formar cadenas, anillos o redes?

(1) átomos de carbono (3) átomos de oxígeno

(2) átomos de hidrógeno (4) átomos de nitrógeno

20 Una molécula de un hidrocarburo insaturado debe tener

(1) al menos un enlace simple de carbono-carbono

(2) al menos un enlace múltiple de carbono-carbono

(3) dos o más enlaces simple de carbono-carbono

(4) dos o más enlaces múltiples de carbono-carbono

21 Dada una fórmula de un grupo funcional:

$$\overset{\displaystyle O}{\underset{}{\overset{\|}{-C}}-OH}$$

Un compuesto orgánico que tenga este grupo funcional es clasificado como

(1) un ácido (3) un éster

(2) un aldehído (4) una cetona

22 ¿Qué declaración describe donde ocurren las medio-reacciones de oxidación y reducción en una celda electroquímica operativa?

(1) La oxidación y la reducción ocurren ambas en el ánodo.

(2) La oxidación y la reducción ocurren ambas en el cátodo.

(3) La oxidación ocurre en el ánodo, y la reducción ocurre en el cátodo.

(4) La oxidación ocurre en el cátodo, y la reducción ocurre en el ánodo.

23 Dada una fórmula representando un compuesto:

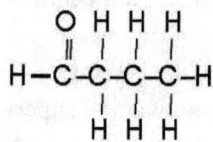

¿Qué fórmula representa un isómero de este compuesto?

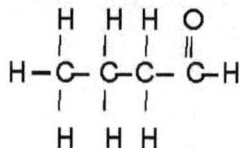

(1)

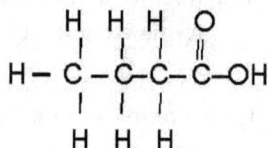

(3)

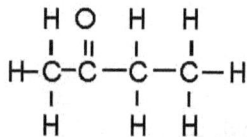

(2)

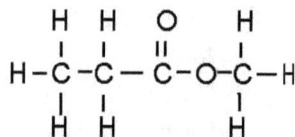

(4)

24 ¿Cuál conversión de energía ocurre en una celda electrolítica operativa?

(1) energía química a energía eléctrica
(2) energía eléctrica a energía química
(3) energía nuclear a energía térmica
(4) energía térmica a energía nuclear

25 ¿Qué compuestos pueden ser clasificados como electrolitos??

(1) alcoholes
(2) alquinos
(3) ácidos orgánicos
(4) hidrocarburos saturados

26 El hidróxido de potasio es clasificado como una base Arrhenius porque el KOH contiene

(1) iones de OH^- (3) iones de K^+
(2) iones de O^{2-} (4) iones de H^+

27 ¿En qué proceso de laboratorio es usado el volumen de una solución de conocida concentración para determinar la concentración de otra solución?

(1) deposición (3) filtración
(2) destilación (4) titulación

28 De acuerdo a la teoría de un ácido-base, un ácido es un

(1) aceptor de H^+ (3) aceptor de OH^-
(2) donador de H^+ (4) donador de OH^-

29 La energía liberada durante la fisión de átomos de Pu-239 es resultado de la

(1) formación de enlaces covalentes
(2) formación de enlaces iónicos
(3) conversión de materia a energía
(4) conversión de energía a materia

30 Los átomos de I-131 se desintegran espontáneamente cuando los

(1) núcleos estables emiten partículas alfa
(2) núcleos estables emiten partículas beta
(3) núcleos inestables emiten partículas alfa
(4) núcleos inestables emiten partículas beta

Responda todas las preguntas en esta parte.

Direcciones (31–50): Para *cada* declaración o pregunta, escriba en su folleto de respuestas el *número* de la palabra o expresión que, de las dadas, mejor completa la declaración o responda la pregunta. Algunas preguntas quizás requieran el uso de las *Tablas de Referencia para Entornos Físicos/Química.*

31 Comparado a los átomos de los no metales en el Período 3, los átomos de los metales en el Período 3 tienen

(1) menos valencia de electrones
(2) más valencia de electrones
(3) menos capas de electrones
(4) más capas de electrones

32 ¿Qué elementos son maleables y buenos conductores de electricidad?

(1) yodo y plata   (3) estaño y plata
(2) yodo y xenón   (4) estaño y xenón

33 ¿Qué átomo en estado fundamental requiere la *menor* cantidad de energía para remover su valencia de electrón?

(1) átomo de litio   (3) átomo de rubidio
(2) átomo de potasio   (4) átomo de sodio

34 ¿Cuál es la fórmula química del sulfuro de hierro(III)?

(1) FeS (3) $FeSO_3$
(2) Fe_2S_3 (4) $Fe_2(SO_3)_3$

35 ¿Cuál es la composición porcentual por masa de azufre en el compuesto $MgSO_4$ (masa formula-gramos = 120. gramos per mol)?

(1) 20.%   (3) 46%
(2) 27%   (4) 53%

36 ¿Qué compuesto se vuelve *menos* soluble en agua cuando la temperatura de la solución aumenta?

(1) HCl (3) $NaCl$
(2) KCl (4) NH_4Cl

37 Dada la ecuación balanceada representando una reacción:

$$2H_2 + O_2 \rightarrow 2H_2O$$

¿Cuál es la masa del H_2O producido cuando 10.0 gramos de H_2 reaccionan completamente con 80.0 gramos de O_2?

(1) 70.0 g   (3) 180. g
(2) 90.0 g   (4) 800. g

38 Dadas dos fórmulas representando el mismo compuesto:

Fórmula A	**Fórmula B**
CH_3	C_2H_6

¿Qué declaración describe estas fórmulas?

(1) Fórmulas A y B son ambas empíricas.
(2) Fórmulas A y B son ambas moleculares.
(3) Fórmula A es empírica, y la fórmula B es molecular.
(4) Fórmula A es molecular, y la fórmula B es empírica.

39 Dada la ecuación balanceada representando una reacción:

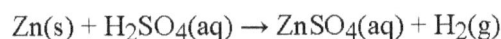

$$Zn(s) + H_2SO_4(aq) \rightarrow ZnSO_4(aq) + H_2(g)$$

¿Qué tipo de reacción es representada por esta ecuación?

(1) descomposición   (3) desplazamiento simple
(2) doble desplazamiento   (4) síntesis

40 En un laboratorio donde la temperatura del aire es 22°C, un cilindro de acero a 100°C se sumerge en una muestra de agua a 40°C. En este sistema, el calor fluye desde

(1) el aire y el agua al cilindro
(2) el cilindro y el aire al agua
(3) el aire al agua y desde el agua al cilindro
(4) el cilindro al agua y desde el agua al aire

41 ¿Qué diagrama representa solo un cambio físico?

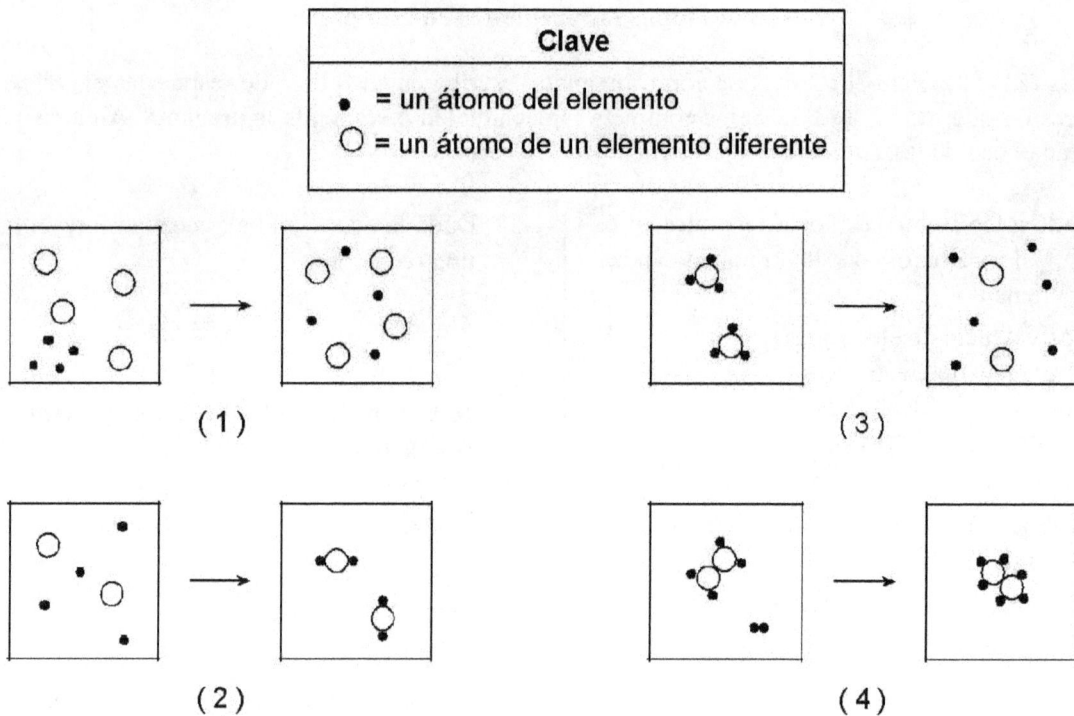

Clave
● = un átomo del elemento
○ = un átomo de un elemento diferente

(1)

(3)

(2)

(4)

42 Durante una actividad de laboratorio para investigar velocidades de reacción, un estudiante reacciona muestras de 1.0-gram de zinc sólido con muestras de 10.0-mililitro de HCl(aq). La siguiente tabla muestra información acerca de las variables en cinco experimentos que el estudiante realizó

Reacción del Zn(s) con HCl(aq)

Experimento	Descripción de la Muestra de Zinc	Concentración del HCl(aq) (M)	Temperatura (K)
1	grumos	0.10	270.
2	polvo	0.10	270.
3	grumos	0.10	290.
4	grumos	1.0	290.
5	polvo	1.0	280.

¿Cuáles dos experimentos pueden ser usados para investigar el efecto de la concentración del HCl(aq) en la velocidad de reacción?

(1) 1 y 3   (3) 4 y 2
(2) 1 y 5   (4) 4 y 3

43 ¿Qué cambio de temperatura causaría que una muestra de un gas ideal se duplique en volumen mientras la presión es mantenida constante?

(1) desde 400. K a 200. K
(2) desde 200. K a 400. K
(3) desde 400.°C a 200.°C
(4) desde 200.°C a 400.°C

44 Una muestra de 36-gramo de agua tiene una temperatura inicial de 22°C. Después de que la muestra absorbe 1200 joules energía calorífica, la temperatura final de la muestra es

(1) 8.0°C
(2) 14°C
(3) 30°C
(4) 55°C

45 ¿Qué declaración explica porque el Br_2 es un líquido en STP y el I_2 es un sólido en STP?

(1) Las moléculas de Br_2 son polares, y las moléculas de I_2 son no polares.
(2) Las moléculas de I_2 son polares, y las moléculas de Br_2 son no polares.
(3) Las moléculas de Br_2 tienen fuerzas intermoleculares más poderosas que las moléculas de I_2.
(4) Las moléculas de I_2 tienen fuerzas intermoleculares más poderosas que las moléculas de Br_2.

46 ¿Qué ecuación balanceada representa una reacción de oxidación-reducción?

(1) $Ba(NO_3)_2 + Na_2SO_4 \rightarrow BaSO_4 + 2NaNO_3$

(2) $H_3PO_4 + 3KOH \rightarrow K_3PO_4 + 3H_2O$

(3) $Fe(s) + S(s) \rightarrow FeS(s)$

(4) $NH_3(g) + HCl(g) \rightarrow NH_4Cl(s)$

47 ¿Qué solución reacciona con LiOH(aq) para producir una sal y agua?

(1) KCl(aq)
(2) CaO(aq)
(3) NaOH(aq)
(4) H_2SO_4(aq)

48 ¿Qué volumen de 2.0 M NaOH(aq) es necesitado para neutralizar completamente 24 mililitros de 1.0 M HCl(aq)?

(1) 6.0 mL
(2) 12 mL
(3) 24 mL
(4) 48 mL

49 ¿Qué tipo de reacción libera la mayor cantidad de energía por mol de reactante?

(1) combustión
(2) descomposición
(3) fusión nuclear
(4) oxidación-reducción

50 ¿Cuál ecuación balanceada representa transmutación natural?

(1) $^{9}_{4}Be + ^{1}_{1}H \rightarrow ^{6}_{3}Li + ^{4}_{2}He$
(2) $^{14}_{7}N + ^{4}_{2}He \rightarrow ^{17}_{8}O + ^{1}_{1}H$
(3) $^{239}_{94}Pu + ^{1}_{0}n \rightarrow ^{144}_{58}Ce + ^{94}_{36}Kr + 2^{1}_{0}n$
(4) $^{238}_{92}U \rightarrow ^{234}_{90}Th + ^{4}_{2}He$

Parte B–2

Responda todas las preguntas en esta parte.

Direcciones (51– 65): Registre sus respuestas en los espacios previstos en su folleto de respuestas. Algunas preguntas quizás requieran el uso de las *Tablas de Referencia para Entornos Físicos/Química*.

51 Explique, en términos de protones y neutrones, porque el U-235 y el U-238 son isotopos diferentes del uranio. [1]

Base sus respuestas a las preguntas de la 52 a la 54 en la siguiente información.

El espectro luminoso de tres elementos y una mezcla de elementos son mostrados abajo.

Espectro Luminoso

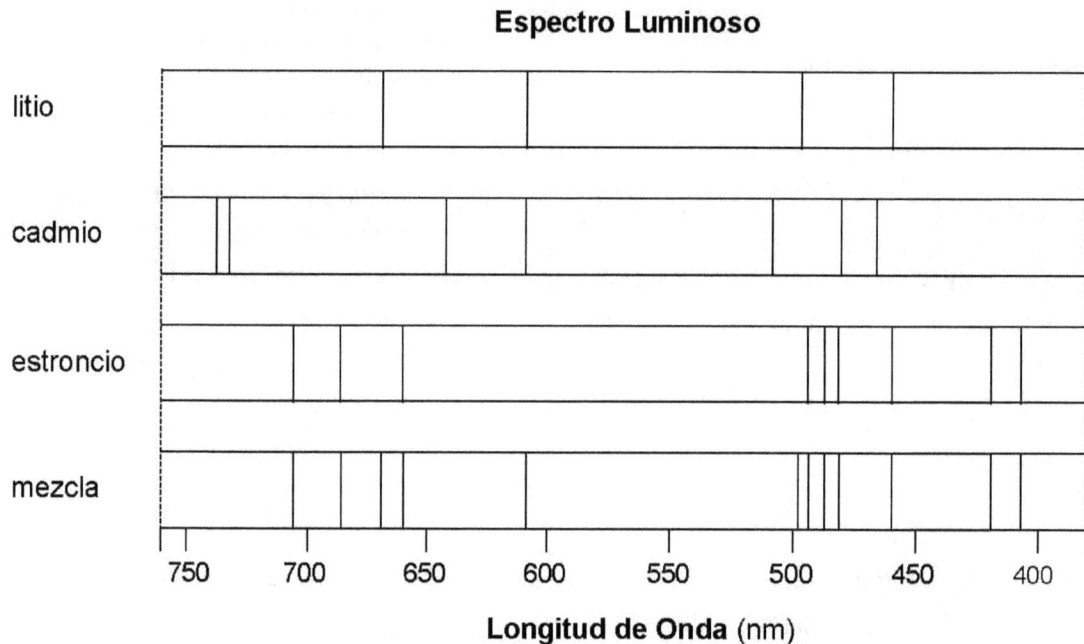

Longitud de Onda (nm)

52 Explique, hablando *tanto* de energía como de electrones, como se produce el espectro luminoso de un elemento. [1]

53 Identifique *todos* los elementos en la mezcla. [1]

54 Declare el número total de valencia de electrones en un átomo de cadmio en estado fundamental. [1]

Base sus respuestas a las preguntas de la 55 a la 59 en la siguiente información.

Los radios iónicos de algunos elementos del Grupo 2 son dados en la siguiente tabla.

Radios Iónicos de Algunos Elementos del Grupo 2

Símbolo	Número Atómico	Radio Iónico (pm)
Be	4	44
Mg	12	66
Ca	20	99
Ba	56	134

55 En la cuadrícula *en su folleto de respuestas*, marque una escala apropiada en el axis etiquetado "Radio Iónico (pm)." [1]

56 En la misma cuadrícula, trace los datos de la tabla de datos. Circunde y conecte los puntos. [1]

57 Estime el radio iónico del estroncio. [1]

58 Exponga la tendencia en el radio iónico mientras los elementos en el Grupo 2 se consideran en orden creciente de número atómico. [1]

59 Explique, en términos de electrones, porque el radio iónico de un elemento del Grupo 2 es más pequeño que su radio atómico. [1]

Base sus respuestas a las preguntas 60 y 61 en la siguiente información.

La siguiente ecuación balanceada representa la descomposición del clorato de potasio.

$$2KClO_3(s) \rightarrow 2KCl(s) + 3O_2(g)$$

60 Determine el número de oxidación del cloro en el reactante en la ecuación. [1]

61 Exponga porque la entropía del reactante es menor que la entropía de los productos. [1]

Base sus respuestas a las preguntas 62 y 63 en la siguiente información.

A 550°C, 1.00 mol de $CO_2(g)$ y 1.00 mol de $H_2(g)$ son colocados en un recipiente de reacción de un 1.00-litro. Las sustancias reaccionan para formar $CO(g)$ y $H_2O(g)$. Los cambios en las concentraciones de los reactantes y las concentraciones de los productos son mostrados en la siguiente gráfica.

Concentraciones de los Reactantes y los Productos

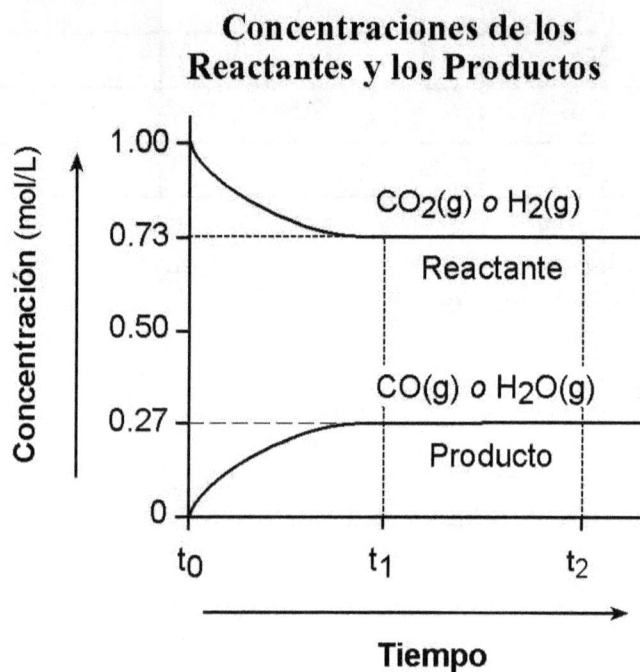

62 Determine el cambio en la concentración de $CO_2(g)$ entre el tiempo t_0 y tiempo t_1. [1]

63 ¿Qué se puede concluir de la gráfica acerca de las concentraciones de los reactantes y las concentraciones de los productos entre el tiempo t_1 y el tiempo t_2? [1]

Base sus respuestas a las preguntas 64 y 65 en la siguiente información.

Una reacción entre bromo y un hidrocarburo es representada por la siguiente ecuación balanceada.

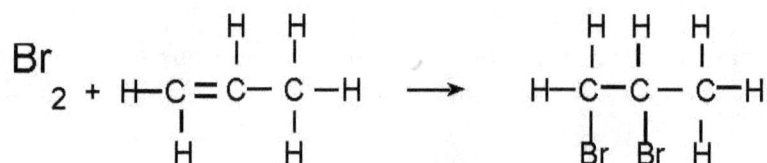

64 Identifique el tipo de reacción orgánica. [1]

65 Escriba el nombre de la serie homologa a la cual pertenece el hidrocarburo. [1]

Parte C

Responda todas las preguntas en esta parte.

Direcciones (51– 65): Registre sus respuestas en los espacios previstos en su folleto de respuestas. Algunas preguntas quizás requieran el uso de las *Tablas de Referencia para Entornos Físicos/Química.*

Base sus respuestas a las preguntas de la 66 a la 68 en la siguiente información.

El Ozono, $O_3(g)$, es producido desde el oxígeno, $O_2(g)$, por una descarga eléctrica durante tormentas de rayos eléctricas. La siguiente ecuación desbalanceada representa la reacción que forma el ozono.

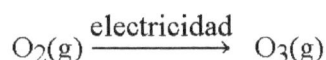

$$O_2(g) \xrightarrow{\text{electricidad}} O_3(g)$$

66 Balancee la ecuación *en su folleto de respuestas* para la producción de oxígeno, usando el número de coeficientes más pequeño. [1]

67 Identifique el tipo de enlazamiento entre los átomos en una molécula de oxígeno. [1]

68 Explique, en términos de configuración de electrón, porque una molécula de oxígeno es más estable que un átomo de oxígeno. [1]

Base sus respuestas a las preguntas 69 y 70 en la siguiente información.

El gas natural es una mezcla que incluye butano, etano, metano y propano. Diferencias en los puntos de ebullición pueden ser usadas para separar los componentes del gas natural. Los puntos de ebullición a presión estándar para estos componentes son enumerados en la siguiente tabla.

Tabla de Datos

Componente de Gas Natural	Punto de Ebullición a Presión Estándar (°C)
butano	−0.5
etano	−88.6
metano	−161.6
propano	−42.1

69 Identifique el proceso usado para separar los componentes del gas natural. [1]

70 Mencione *cuatro* componentes del gas natural en orden creciente de intensidad de fuerzas intermoleculares. [1]

Base sus respuestas a las preguntas de la 71 a la 73 en la siguiente información.

En 1864, fue desarrollado el proceso Solvay para hacer ceniza de soda. Uno de los pasos del proceso es representado por la siguiente ecuación balanceada.

$$NaCl + NH_3 + CO_2 + H_2O \rightarrow NaHCO_3 + NH_4Cl$$

71 Escriba la fórmula química para *uno* de los compuestos en la ecuación que contenga *tanto* enlaces iónicos como enlaces covalentes. [1]

72 Explique, en términos de diferencias de electronegatividad, porque el enlace entre hidrógeno y oxígeno en una molécula de agua es más polar que el enlace entre hidrógeno y nitrógeno en una molécula de amoníaco. [1]

73 En el espacio *en su folleto de respuestas*, dibuje un diagrama de Lewis para el reactante que contiene nitrógeno en la ecuación. [1]

Base sus respuestas a las preguntas de la 74 a la 76 en la siguiente información.

Un estudiante preparó dos mezclas, cada una en un vaso de precipitado etiquetado. Se usó suficiente agua a 20°C para hacer 100 mililitros de cada mezcla.

Información acerca de Dos Mezclas a 20°C

	Mezcla 1	Mezcla 2
Composición	NaCl in H_2O	Formulaciones de Fe en el H_2O
Observaciones del estudiante	• líquido incoloro • Ningún sólido visible en el fondo del vaso de precipitado	• líquido incoloro • sólido negro en el fondo del vaso de precipitado
Otros Datos	• masa del NaCl(s) disuelto = 2.9 g	• masa del Fe(s) = 15.9 g • densidad del Fe(s) = 7.87 g/cm^3

74 Clasifique *cada* mezcla usando el término "homogéneo" o el término "heterogéneo." [1]

75 Determine el volumen de las formulaciones de Fe usadas para producir la mezcla 2. [1]

76 Describa un procedimiento para remover físicamente el agua de la mezcla 1. [1]

Base sus respuestas a las preguntas de la 77 a la 79 en la siguiente información.

Un estudiante realizó una actividad de laboratorio para observar la reacción entre el papel de aluminio y una solución acuosa de cloruro de cobre (II). La reacción es representada por la siguiente ecuación balanceada.

$$2Al(s) + 3CuCl_2(aq) \rightarrow 3Cu(s) + 2AlCl_3(aq) + \text{energía}$$

Los procedimientos y observaciones correspondientes para las actividades se dan en la siguiente tabla.

Procedimiento	Observación
En un vaso de precipitado, disuelva completamente 5.00 g of $CuCl_2$ en 80.0 mL de H_2O.	• La solución es verde azulado.
Corte 1.5 g de papel de Al(s) en piezas pequeñas. Añada todo el aluminio a la mezcla en el vaso de de precipitado. Agite los contenidos por 1 minuto.	• La superficie del papel Al(s) aparece parcialmente negra. • El vaso de precipitado se siente cálido al tocarlo.
Observe el vaso de precipitado y su contenido después de 10 minutos.	• El líquido en el vaso de precipitado parece incoloro. • Un sólido marrón rojizo es visto en el fondo del vaso de precipitado. • Algunos trozos de Al(s) con un cubrimiento parcialmente negro permanecen en el vaso de precipitado

77 Exponga *una* observación que indique que los iones de Cu^{2+} se convirtieron en átomos de Cu. [1]

78 Describa *un* cambio en el procedimiento que causaría que la reacción ocurra a una velocidad más rápida. [1]

79 Declare *un* procedimiento se seguridad que el estudiante debería realizar después de terminar la actividad de laboratorio. [1]

Base sus respuestas a las preguntas de la 80 a la 82 en la siguiente información.

Algunas bebidas carbonatadas son hechas forzando el gas de dióxido de carbono en una solución de bebida. Cuando se abre por primera vez una botella de un tipo de bebida carbonatada, la bebida tiene un valor pH de 3.

80 Exponga, en términos de escala de pH, porque esta bebida es clasificada como un ácido. [1]

81 Usando la Tabla *M*, identifique *un* indicador que sea amarillo en la solución que tenga el mismo valor pH que esta bebida. [1]

82 Después de que se deja abierta por varias horas la botella, la concentración del ion de hidronio en la solución de la bebida disminuye a $\frac{1}{1000}$ de la concentración original. Determine el nuevo pH de la solución de bebida. [1]

Base sus respuestas a las preguntas de la 83 a la 85 en la siguiente información.

El Polonio-210 ocurre naturalmente, pero es escaso. El Polonio-210 se usa principalmente en dispositivos diseñados para eliminar la electricidad estática en maquinarias. También es usado en cepillos para remover polvo de los lentes de las cámaras.
El Polonio-210 puede ser creado en el laboratorio bombardeando al bismuto-209 con neutrones para crear bismuto-210. El bismuto-210 pasa por una desintegración beta para producir polonio-210. El Polonio-210 tiene una semivida de 138 días y pasa por desintegración alfa.

83 Exponga *un* uso beneficial del Po-210. [1]

84 Complete la ecuación nuclear *en su folleto de respuestas* para la desintegración del Po-210, escribiendo una notación para el producto faltante. [1]

85 Determine la masa total de una muestra original de Po-210 de 28.0-miligramos que permaneció sin alteraciones tras 414 días. [1]

La Universidad del Estado de Nueva York

EVALUACIÓN DE SECUNDARIA NIVEL REGENTS

ENTORNO FÍSICO
QUÍMICA

Jueves, 26 de Enero, 2012 — sólo de 1:15 a 4:15 p.m.,

Esta es una prueba de su conocimiento de química. Utilice ese conocimiento para responder todas las preguntas en esta evaluación. Algunas preguntas quizás requieran el uso de la *Edición del 2011 de Tablas de Referencia para Entornos Físicos/Química*. Usted responderá *todas* las preguntas en todas las partes de esta evaluación de acuerdo a las directrices previstas en este folleto evaluativo.

Las respuestas a *todas* las preguntas en este evaluativo serán escritas en su folleto separado de respuestas. Asegúrese de llenar el encabezado en el frente de su folleto de respuestas.

Todo el trabajo deberá ser escrito en bolígrafo, excepto los gráficos y dibujos, que deberán ser hechos en lápiz. Usted podrá usar trozos de papel para resolver las respuestas a las preguntas, pero asegúrese de registrar todas sus respuestas en su folleto de respuestas.

Una vez que usted haya terminado su evaluativo, debe firmar la declaración impresa en la primera página de su folleto de respuestas, indicando que usted no tuvo conocimiento ilegal de las preguntas o de las respuestas previo al evaluativo y que usted no dio ni recibió asistencia respondiendo las preguntas durante el evaluativo. Su folleto de respuestas no podrá ser aceptado si usted no firma dicha declaración.

Notése. . .

Una calculadora científica o de cuatro funciones y una copia de *Edición del 2011 de Tablas de Referencia para Entornos Físicos/Química* deben estar disponible para el uso mientras realiza el evaluativo.

El uso de cualquier dispositivo de comunicación está estrictamente prohibido durante la evaluación. Si usted usa algún dispositivo de comunicación, independientemente de lo corto de su uso, su evaluación será invalidada y ninguna puntuación se le calculará.

NO ABRA ESTE FOLLETO EVALUATIVO HASTA QUE SEA DADA LA SEÑAL.

Parte A

Responda todas las preguntas en esta parte.

Direcciones (1–30): Para *cada* declaración o pregunta, registre en su folleto de respuestas el *número* de la palabra o expresión que, de las dadas, mejor completa la declaración o responda la pregunta. Algunas preguntas quizás requieran el uso de la *Edición del 2011 de Tablas de Referencia para Entornos Físicos/Química*.

1 ¿Cuál es el número de electrones en una segunda capa de un átomo completamente llena?

(1) 32   (3) 18
(2) 2   (4) 8

2 ¿Cuál es el número de electrones en un átomo que tiene 3 protones and 4 neutrones?

(1) 1   (3) 3
(2) 7   (4) 4

3 Como resultado de un experimento de láminas de oro, se concluyó que un átomo

(1) contiene protones, neutrones, y electrones
(2) contiene un núcleo pequeño y denso
(3) tiene positrones y orbitales
(4) es una esfera dura e indivisible

4 ¿Qué declaración describe la distribución de cargas en un átomo?

(1) Un núcleo neutral está rodeado por uno o más electrones negativamente cargados.
(2) Un núcleo neutral está rodeado por uno o más electrones positivamente cargados.
(3) Un núcleo positivamente cargado está rodeado por uno o más electrones negativamente cargados.
(4) Un núcleo positivamente cargado está rodeado por uno o más electrones negativamente cargados.

5 ¿Qué átomo en estado fundamental tiene un electrón en lo más extremo con la mayor energía?

(1) Cs   (3) Li
(2) K   (4) Na

6 ¿Cuál partícula tiene *menos* masa?

(1) partícula alpha   (3) neutrón
(2) partícula beta   (4) protón

7 Los elementos en el Grupo 2 son clasificados como

(1) metales   (3) no metales
(2) metaloides   (4) gases nobles

8 ¿Que lista incluye los elementos con las propiedades químicas más similares?

(1) Br, Ga, Hg   (3) O, S, Se
(2) Cr, Pb, Xe   (4) N, O, F

9 La notación para el nucleído $_{55}^{137}Cs$ da información acerca de

(1) solo número de masa
(2) solo número atómico
(3) ambos, tanto número de masa como número atómico
(4) ni número de masa ni número atómico

10 ¿Qué par representa dos formas de un elemento en el mismo estado a STP (condición normal) pero con diferentes estructuras y propiedades?

(1) $I_2(s)$ y $I_2(g)$ (3) $H_2(g)$ y $Hg(g)$
(2) $O_2(g)$ y $O_3(g)$ (4) $H_2O(s)$ y $H_2O(\ell)$

11 Los elementos de la Tabla Periódica están acomodados en orden creciente de

(1) masa atómica   (3) masa molar
(2) número atómica   (4) número de oxidación

12 ¿Cuál es el nombre IUPAC para el compuesto ZnO?

(1) óxido de zinc   (3) peróxido de zinc
(2) oxalato de zinc   (4) hidróxido de zinc

13 ¿Que átomo adquiere una configuración estable de valencia de electrón enlazándose con otro átomo?

(1) neón   (3) helio
(2) radón   (4) hidrógeno

14 Un enlace iónico puede ser formado cuando uno o más electrones son

(1) compartidos igualmente por dos átomos
(2) compartidos desigualmente por dos átomos
(3) transferidos del núcleo de un átomo al núcleo de otro átomo
(4) transferidos de la capa de valencia de un átomo a la capa de valencia de otro átomo.

15 ¿Qué muestra de CO_2 tiene una forma y volumen definidos?

(1) CO_2(aq)
(2) CO_2(g)
(3) $CO_2(\ell)$
(4) CO_2(s)

16 ¿Qué ocurre con el fin de quebrar el enlace en una molécula de Cl_2?

(1) La energía es absorbida.
(2) La energía es liberada.
(3) La molécula crea energía.
(4) La molécula crea energía.

17 Un cilindro rígido y sellado de 1.0-litros contiene gas He en STP. Un cilindro sellado idéntico contiene gas Ne en STP. Estos dos cilindros contienen el mismo número de

(1) átomos
(2) electrones
(3) iones
(4) protones

18 ¿Qué declaración describe un cambio químico?

(1) Se evapora alcohol.
(2) El vapor de agua forma copos de nieve.
(3) La sal de mesa (NaCl) es machacada en polvo.
(4) La Glucosa ($C_6H_{12}O_6$) y oxígeno producen CO_2 and H_2O.

19 ¿Qué declaración describe las partículas de un gas ideal de acuerdo a la teoría molecular cinética?

(1) Las partículas de gas se ordenan en un patrón geométrico regular.
(2) Las partículas de gas están en movimiento vertical, aleatorio y constante
(3) Las partículas de gas se separan por distancias muy pequeñas, relativas a su tamaño.
(4) Las partículas de gas están atraídas fuertemente una a la otra.

20 ¿Cuál muestra de materia se clasifica como una sustancia?

(1) aire
(2) amoníaco
(3) leche
(4) agua de mar

21 ¿Qué elemento tiene el valor electronegativo *más bajo*?

(1) F
(2) Fr
(3) Cl
(4) Cr

22 En presión estándar, el CH_4 hierve a 112 K y el H_2O hierve a 373 K. ¿Qué cuenta para que el H_2O tenga un mayor punto de ebullición en presión estándar?

(1) enlaces covalentes
(2) enlaces iónicos
(3) enlaces de hidrógeno
(4) enlaces metálicos

23 Una mezcla de arena y sal de mesa puede ser separada mediante filtración debido a que las sustancias en la mezcla difieren en

(1) punto de ebullición
(2) densidad en STP
(3) punto de congelación
(4) solubilidad en agua

24 Los sistemas en naturaleza tienden a someterse a cambios hacia

(1) energía más baja y entropía más baja
(2) energía más baja y entropía más alta
(3) energía más alta y entropía más baja
(4) energía más alta y entropía más alta

25 En el modelo de onda mecánica de un átomo, una orbital es la ubicación más probable de

(1) un protón
(2) un positrón
(3) un neutrón
(4) un electrón

26 Los grupos funcionales son usados para clasificar

(1) compuestos orgánicos
(2) compuestos inorgánicos
(3) mezclas heterogéneas
(4) mezclas homogéneas

27 ¿Qué clase de compuesto contiene *al menos un* elemento del Grupo 17 de la Tabla Periódica?

(1) aldehído   (3) éster

(2) amina   (4) haluro

28 En una molécula de propanal, un átomo de oxígeno está enlazado con un átomo de carbono. ¿Cuál es el número total de pares de electrones compartido entre esos átomos?

(1) 1   (3) 3

(2) 2   (4) 4

29 Cuando una celda voltaica opera, los iones se mueven a través del

(1) ánodo   (3) puente salino

(2) cátodo   (4) circuito externo

30 Disuelto en agua, una base Arrhenius cede

(1) Iones de hidrógeno   (3) Iones de hidróxido

(2) Iones de hidronio   (4) Iones de óxido

Responda todas las preguntas en esta parte.

Direcciones (31–50): Para *cada* declaración o pregunta, registre en su folleto de respuestas el *número* de la palabra o expresión que, de las dadas, mejor completa la declaración o responda la pregunta. Algunas preguntas quizás requieran el uso de la *Edición del 2011 de Tablas de Referencia para Entornos Físicos/Química*.

31 ¿Cuál es el número total de la valencia de electrones en un átomo de germanio en el estado fundamental?

(1) 22   (3) 32
(2) 2   (4) 4

32 ¿Cuál elemento se empareja con una configuración de electrones en estado de excitación para un átomo del elemento?

(1) Ca: 2-8-8-2   (3) K: 2-6-8-3
(2) Na: 2-8-2   (4) F: 2-8

33 Dadas las ecuaciones balanceadas que representan dos reacciones químicas:

$$Cl_2 + 2NaBr \rightarrow 2NaCl + Br_2$$

$$2NaCl \rightarrow 2Na + Cl_2$$

¿Qué tipos de reacciones químicas son representadas por estas ecuaciones?

(1) Desplazamiento simple y descomposición
(2) Desplazamiento simple y desplazamiento doble
(3) Síntesis y descomposición
(4) Síntesis y doble desplazamiento

34 Un ion conformado por 7 protones, 6 neutrones, y 10 electrones tiene una carga neta de

(1) 4–   (3) 3+
(2) 3–   (4) 4+

35 ¿Cuál diagrama de Lewis de representa la molécula que tiene una enlace covalente no polar?

36 ¿Qué cantidad es equivalente a 50 kilojulios?

(1) 0.05 J   (3) $5 \cdot 10^3$ J
(2) 500 J   (4) $5 \cdot 10^4$ J

37 ¿Qué compuesto se forma de sus elementos por una reacción exotérmica a 298 K y 101.3 kPa?

(1) $C_2H_4(g)$ (3) $H_2O(g)$
(2) $HI(g)$ (4) $NO_2(g)$

38 ¿A cuál temperatura es la presión de vapor del etanol equivalente a 80. kPa?

(1) 48°C   (3) 80.°C
(2) 73°C   (4) 101°C

39 A 25°C, un gas en un cilindro rígido con un pistón movible tiene un volumen de 145 mL y una presión de 125 kPa. Luego el gas es comprimido a un volumen de 80. mL. ¿Cuál es la nueva presión del gas si la temperatura se mantiene a 25°C?

(1) 69 kPa   (3) 160 kPa
(2) 93 kPa   (4) 230 kPa

40 Una muestra de 2400.-gramos de una solución acuosa contiene 0.012 gramos de NH_3. ¿Cuál es la concentración de NH_3 en la solución, expresada como partes por millón?

(1) 5.0 ppm   (3) 20. ppm
(2) 15 ppm   (4) 50. ppm

41 ¿Cuál ecuación representa un cambio que resulta en un aumento de desorden?

(1) $I_2(s) \rightarrow I_2(g)$
(2) $CO_2(g) \rightarrow CO_2(s)$
(3) $2Na(s) + Cl_2(g) \rightarrow 2NaCl(s)$
(4) $2H_2(g) + O_2(g) \rightarrow 2H_2O(\ell)$

42 Una solución consiste de 0.50 mol de $CaCl_2$ disueltos en 100. gramos de H_2O a 25°C. Comparado con el punto de ebullición y el punto de congelación of 100. gramos de H_2O a presión estándar, la solución a dicha presión tiene

(1) puntos de ebullición y de congelación más bajo.

(2) un punto de ebullición más bajo y un punto de congelación más alto.

(3) un punto de ebullición más alto y un punto de congelación más bajo.

(4) puntos de ebullición y de congelación más altos

43 Dada la ecuación iónica balanceada representado una reacción:

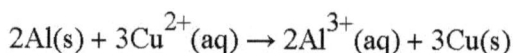

$$2Al(s) + 3Cu^{2+}(aq) \rightarrow 2Al^{3+}(aq) + 3Cu(s)$$

¿Qué media reacción representa la reducción que ocurre?

(1) $Al \rightarrow Al^{3+} + 3e$

(2) $Al^{3+} + 3e_2 \rightarrow Al$

(3) $Cu \rightarrow Cu^{2+} + 2e$

(4) $Cu^{2+} + 2e \rightarrow Cu$

44 Dada la ecuación y el diagrama de energía potencial representando una reacción:

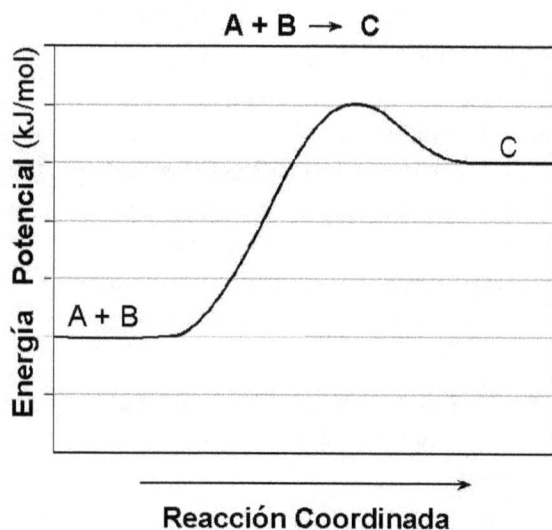

Si cada intervalo en el axis designado "Energía Potencial (kJ/mol)" representa 10. kJ/mol, ¿cuál es el calor de la reacción?

(1) +60. kJ/mol   (3) +30. kJ/mol

(2) +20. kJ/mol   (4) +40. kJ/mol

45 Un poco de solido KNO_3 permanece en lo más bajo de un frasco tapado que contiene una solución saturada de KNO_3(aq) a 22°C. ¿Qué declaración explica por qué los contenidos del frasco están en equilibrio?

(1) La velocidad de disolución es igual a la velocidad de cristalización.

(2) La velocidad de disolución es mayor que la velocidad de cristalización.

(3) La concentración del sólido es igual a la concentración de la solución.

(4) La concentración del sólido es mayor que la concentración de la solución.

46 ¿Qué formula representa el producto de la reacción de adición entre eteno y cloro, Cl_2?

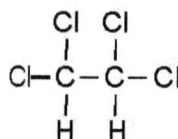

(1)

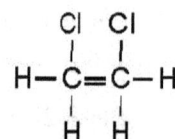

(3)

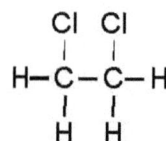

(2)

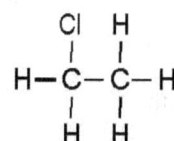

(4)

47 Basado en la Tabla de Referencia J, ¿qué dos reactantes reaccionan espontáneamente?

(1) $Mg(s) + ZnCl_2(aq)$ (3) $Pb(s) + ZnCl_2(aq)$

(2) $Cu(s) + FeSO_4(aq)$ (4) $Co(s) + NaCl(aq)$

48 Cuando el valor pH de una solución cambia de 2 a 1, la concentración de los iones de hidronio se

(1) disminuyen por un factor de 2

(2) incrementan por un factor de 2

(3) disminuyen por un factor de 10

(4) incrementan por un factor de 10

49 Dada la ecuación balanceada representando una reacción nuclear:

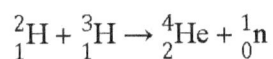

$$^2_1H + \, ^3_1H \rightarrow \, ^4_2He + \, ^1_0n$$

¿Qué frase identifica y describe esta reacción?
  (1) fisión, masa convertida en energía
  (2) fisión, energía convertida en masa
  (3) fusión, masa convertida en energía
  (4) fusión, energía convertida en masa

50 Dada la ecuación que representa una reacción reversible:

$$NH_3(g) + H_2O(\ell) \rightleftharpoons NH_4^+(aq) + OH^-(aq)$$

De acuerdo a la teoría de un ácido-base, el reactante que dona un ion de H^+ en la reacción directa es
  (1) $NH_3(g)$ (3) $NH_4^+(aq)$
  (2) $H_2O(\ell)$ (4) $OH^-(aq)$

Parte B–2

Responda todas las preguntas en esta parte.

Direcciones (51– 65): Registre sus respuestas en los espacios previstos en su folleto de respuestas. Algunas preguntas quizás requieran el uso de la *Edición del 2011 de Tablas de Referencia para Entornos Físicos/Química.*

Base sus respuestas a las preguntas de la 51 a la 54 en la siguiente información.

El radio atómico y el radio iónico para algunos elementos del Grupo 1 y del Grupo 17 son dados en las siguientes tablas.

Radio Atómico e Iónico de algunos Elementos

Grupo 1		Grupo 17	
Partícula	**Radio (pm)**	**Partícula**	**Radio (pm)**
átomo Li	130.	átomo F	60.
ion Li^+	78	ion F^-	133
átomo Na	160.	átomo Cl	100.
ion Na^+	98	ion Cl^-	181
átomo K	200.	átomo Br	117
ion K^+	133	ion Br^-	?
átomo Rb	215	átomo I	136
ion Rb^+	148	ion I^-	220.

51 Estime el radio del ion Br⁻. [1]

52 Explique, en términos de capas de electrones, porque el radio de un ion K^+ es mayor que el radio de un ion Na^+. [1]

53 Escriba *ambos*, tanto el nombre como la carga de la partícula que es ganada por un átomo de F cuando el átomo se convierte en un ion F. [1]

54 Declare la relación entre el número atómico y la primera energía de ionización a la vez que los elementos en el Grupo 1 se ponderan en orden creciente de número atómico. [1]

Base sus respuestas a las preguntas de la 55 a la 57 en la siguiente información.

Comenzando como un gas a 206°C, una muestra de una sustancia se deja a enfriar por 16 minutos. Este proceso es representado por la siguiente curva de enfriamiento.

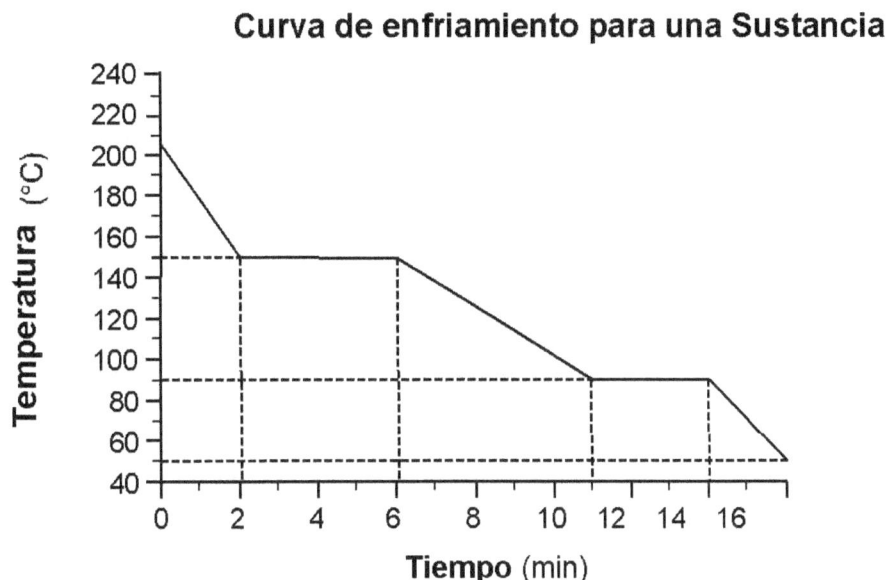

Curva de enfriamiento para una Sustancia

55 ¿Cuál es el punto de fusión de esta sustancia? [1]

56 ¿A qué tiempo las partículas de esta muestra tienen el *menor* promedio de energía cinética? [1]

57 Usando la clave *en su folleto de respuestas*, dibuje *dos* diagramas de partículas para representar *dos* fases de la muestra al minuto 4. Su respuesta debe incluir *al menos seis* partículas para *cada* diagrama. [1]

Base sus respuestas a las preguntas 58 y 59 en la siguiente información.

Dos hidrocarburos que son isómeros el uno al otro están representados por las siguientes fórmulas estructurales y moleculares.

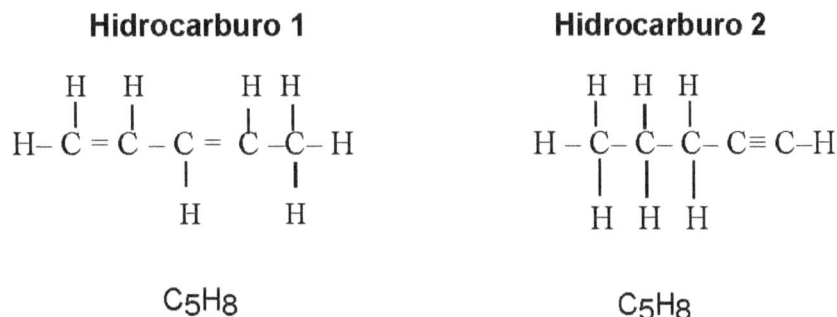

Hidrocarburo 1

C_5H_8

Hidrocarburo 2

C_5H_8

58 Explique, en términos de enlaces, porque los hidrocarburos están insaturados. [1]

59 Explique, en términos de fórmulas estructurales y moleculares, porque estos hidrocarburos son isómeros uno al otro. [1]

Base sus respuestas a las preguntas de la 60 a la 62 en la siguiente información.

El siguiente diagrama representa una celda electrolítica operativa usada para recubrir con plata una llave de níquel. Mientras la celda opera, la oxidación ocurre en el electrodo de plata y la masa del mismo disminuye.

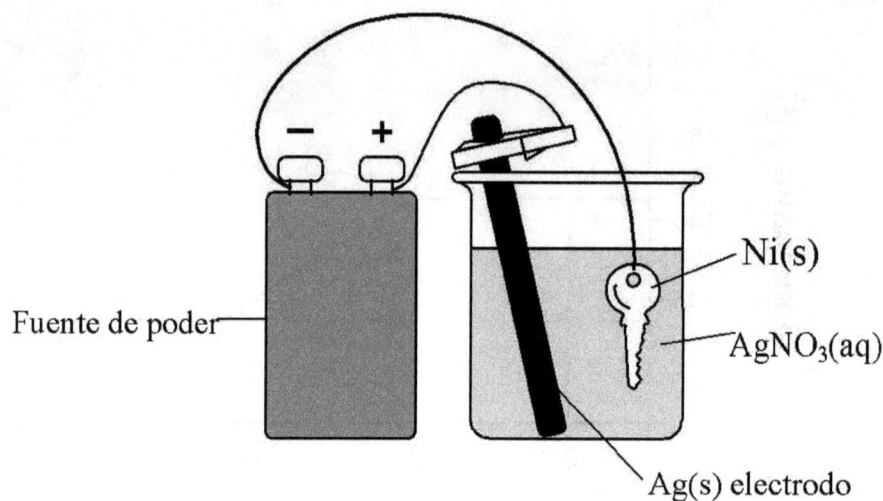

60 Identifique el cátodo en la celda. [1]

61 Exponga el propósito de la fuente de poder en la celda. [1]

62 Explique, hablando de átomos de Ag e iones de Ag^+(aq), porque la masa del electrodo de plata *disminuye* mientras la celda opera. [1]

Base sus respuestas a las preguntas de la 63 a la 65 en la siguiente información.

En una titulación, un par de gotas de un indicador son añadidas a un frasco que contiene 35.0 mililitros de HNO_3(aq) de concentración desconocida. Después de añadir lentamente al frasco 30.0 mililitros de solución de 0.15 M NaOH(aq), el indicador cambia de color, mostrando que el ácido se neutraliza.

63 El volumen de la solución de NaOH(aq) se expresa a que número de cifras significativas? [1]

64 Complete la ecuación *en su folleto de respuestas* para esta reacción de neutralización al escribir la fórmula para *cada* producto. [1]

65 En el espacio *en su folleto de respuestas*, muestre un escenario numérico que calcule la concentración de la solución de HNO_3(aq). [1]

Parte C

Responda todas las preguntas en esta parte.

Direcciones (66– 85): Registre sus respuestas en los espacios previstos en su folleto de respuestas. Algunas preguntas quizás requieran el uso de la *Edición del 2011 de Tablas de Referencia para Entornos Físicos/Química.*

Base sus respuestas a las preguntas de la 66 a la 69 en la siguiente información.

Durante una exhibición de fuegos artificiales, las sales son calentadas a temperaturas muy altas. Los iones en las sales absorben energía y se excitan. Los colores espectaculares se producen mientras la energía es emitida desde los iones en forma de luz.

El color de la luz emitida es característico del ion del metal en cada sal. Por ejemplo, el ion de litio en el carbonato de litio, Li_2CO_3, produce un color rojo oscuro. El ion de estroncio en el carbonato de estroncio, $SrCO_3$, produce un color rojo brillante. De la misma manera, el cloruro de calcio es usado para el anaranjado claro, cloruro de sodio para amarillo claro, y cloruro de bario para verde claro.

66 Escriba la fórmula para la sal usada para producir verde claro en una exhibición de fuegos artificiales. [1]

67 Identifique los *dos* tipos de enlaces químicos encontrados en la sal usada para producir un color rojo oscuro. [1]

68 Determine el estado de oxidación del carbón en la sal usada para producir un color rojo brillante. [1]

69 Explique, en términos de partículas subatómicas y estados de energía, como se producen los colores en una exhibición de fuegos artificiales. [1]

Base sus respuestas a las preguntas 70 y 71 en la siguiente información.

Un científico hace una solución que contiene 44.0 gramos de gas de cloruro de hidrógeno, HCl(g), en 200 gramos de agua, $H_2O(\ell)$, a 20°C. Este proceso es representado por la siguiente ecuación balanceada.

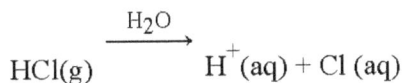

$$HCl(g) \xrightarrow{H_2O} H^+(aq) + Cl^-(aq)$$

70 Basado en la Tabla de Referencia *G*, identifique, en términos de saturación, el tipo de solución hecha por el científico. [1]

71 Explique, en términos de distribución de partículas, porque la solución es una mezcla homogénea. [1]

Base sus respuestas a las preguntas de la 72 a la 74 en la siguiente información.

El hierro se ha usado por miles de años. En el aire, el hierro se corroe. Una reacción para la corrosión del hierro la representa la siguiente ecuación balanceada.

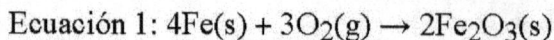

Ecuación 1: $4Fe(s) + 3O_2(g) \rightarrow 2Fe_2O_3(s)$

En la presencia de agua, el hierro se corroe más rápido. Esta corrosión la representa la siguiente ecuación desbalanceada.

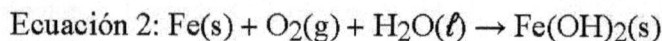

Ecuación 2: $Fe(s) + O_2(g) + H_2O(\ell) \rightarrow Fe(OH)_2(s)$

72 Identifique *una* sustancia que en el paso *no* puede ser quebrada por un cambio químico. [1]

73 Usando la ecuación 1, describa *una* propiedad química del hierro. [1]

74 Balancee la ecuación *en su folleto de respuestas,* usando el número entero de coeficientes más pequeño. [1]

Base sus respuestas a las preguntas de la 75 a la 78 en la siguiente información.

La Vitamina C, también conocida como ácido ascórbico, se puede disolver en agua y no puede ser producida por el cuerpo humano. Cada día, la dieta de una persona debe incluir una fuente de vitamina C, como por ejemplo jugo de naranja. La fórmula molecular del ácido ascórbico es $C_6H_8O_6$ y tiene una masa fórmula gramo de 176 gramos por mol.

75 ¿Cuál es el color del indicador timol azul después de que es añadido a una solución acuosa de vitamina C? [1]

76 Determine el número de moles de vitamina C en una naranja que contiene 0.071 gramo de vitamina C. [1]

77 En el espacio *en su folleto de respuestas,* muestre un escenario numérico para el cálculo del porcentaje de composición por masa de oxígeno en ácido ascórbico. [1]

78 Escriba la formula empírica del ácido ascórbico. [1]

Base sus respuestas a las preguntas de la 79 a la 81 en la siguiente información.

En la producción de ácido sulfúrico se involucran varios pasos. Un paso incluye la oxidación de gas de dióxido de azufre para formar gas de trióxido de azufre. Un catalizador es usado para incrementar la velocidad de producción de gas de trióxido de azufre. En un cilindro rígido con un pistón movible, esta reacción alcanza equilibrio, como se representa en la siguiente ecuación.

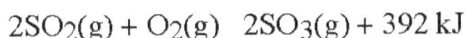

$$2SO_2(g) + O_2(g) \rightleftharpoons 2SO_3(g) + 392 \text{ kJ}$$

79 Explique, hablando de la teoría de colisión, porque al incrementar la presión en los gases en el cilindro se incrementa la velocidad de la reacción directa. [1]

80 Determine la cantidad de calor liberado por la producción de 1.0 mol de $SO_3(g)$. [1]

81 Exponga, en términos de la concentración de $SO_3(g)$, que ocurre cuando es añadido más $O_2(g)$ a la reacción en equilibrio. [1]

Base sus respuestas a las preguntas de la 82 a la 85 en la siguiente información.

La radiación nuclear es dañina para las células vivientes, particularmente las células de crecimiento rápido, como células cancerígenas y células sanguíneas. Un destello externo de radiación emitido de un radioisótopo puede ser dirigido a pequeña área de una persona para destruir células cancerígenas dentro del cuerpo.

El cobalto-60 es un radioisótopo producido artificialmente que emite rayos gamma y partículas beta. Un hospital mantiene una muestra de 100.0-gramos de cobalto-60 en un contenedor de almacenamiento seguro y apropiado para tratamientos de cáncer futuros.

82 Exponga *un* riesgo al tejido humano asociado al uso de radioisótopos para tratar cáncer. [1]

83 Compare el poder de penetración de las dos emisiones del Co-60. [1]

84 Complete la ecuación nuclear *en su folleto de respuestas* para la desintegración beta del Co-60 escribiendo una notación isotópica para el producto faltante. [1]

85 Determine el tiempo total que habrá transcurrido cuando 12.5 gramos de la muestra original de Co-60 en el hospital permanece sin alterar. [1]

La Universidad del Estado de Nueva York

EVALUACIÓN DE SECUNDARIA NIVEL REGENTS

ENTORNOS FÍSICOS
QUÍMICA

Miércoles, 20 de Junio 2012 — solo de 1:15 a 4:15 p.m.

Esta es una prueba de su conocimiento de química. Utilice ese conocimiento para responder todas las preguntas en esta evaluación. Algunas preguntas quizás requieran el uso de la *Edición del 2011 de Tablas de Referencia para Entornos Físicos/Química*. Usted responderá todas las preguntas en todas las partes de esta evaluación de acuerdo a las directrices previstas en este folleto evaluativo.

Una hoja de respuestas separada para la Parte A y para la Parte B-1 se le ha otorgado a usted. Siga las instrucciones del coordinador para completar la información del estudiante en su hoja de respuestas. Registre sus respuestas a las preguntas de opción múltiple de la Parte A y la Parte B-1 en esta hoja de respuestas separada. Registre sus respuestas a las preguntas de la Parte B-2 y la Parte C en su folleto de respuestas separado. Asegúrese de llenar el encabezado en el frente de su folleto de respuestas.

Todas las respuestas en su folleto de respuestas deberán ser escritas en bolígrafo, excepto los gráficos y dibujos, que deberán ser hechos en lápiz. Usted podrá usar trozos de papel para resolver las respuestas a las preguntas, pero asegúrese de registrar todas sus respuestas en su hoja de respuestas separada o en su folleto de respuestas como se le dicto.

Una vez que usted haya terminado su evaluativo, debe firmar la declaración impresa en su hoja de respuestas separada, indicando que usted no tuvo conocimiento ilegal de las preguntas o de las respuestas previo al evaluativo y que usted no dio ni recibió asistencia respondiendo las preguntas durante el evaluativo. Su folleto de respuestas no podrá ser aceptado si usted no firma dicha declaración.

Notése. . .

Una calculadora científica o de cuatro funciones y una copia de *Edición del 2011 de Tablas de Referencia para Entornos Físicos/Química* deben estar disponible para el uso mientras realiza el evaluativo.

La posesión o uso de cualquier dispositivo de comunicación está estrictamente prohibida mientras realice esta evaluación. Si usted tiene o utiliza cualquier dispositivo de comunicación, sin importar cuan corta sea, su evaluación será invalidada y ninguna puntuación le será calculada.

NO ABRA ESTE FOLLETO EVALUATIVO HASTA QUE SEA DADA LA SEÑAL.

Parte A

Responda todas las preguntas en esta parte.

Direcciones (1–30): Para *cada* declaración o pregunta, registre en su hoja de respuestas separada el *número* de la palabra o expresión que, de las dadas, mejor completa la declaración o responda la pregunta. Algunas preguntas quizás requieran el uso de la *Edición del 2011 de Tablas de Referencia para Entornos Físicos/Química.*

1 La masa de un protón es aproximadamente igual a la masa de

(1) una partícula alfa   (3) un positrón

(2) una partícula beta   (4) un neutrón

2 Una orbital de un átomo se define como la ubicación más probable de

(1) un electrón   (3) un positrón

(2) un neutrón   (4) un protón

3 ¿Qué debe ocurrir cuando un electrón en un átomo regresa de un estado de mayor energía a un estado de menor energía?

(1) Una cantidad específica de energía es liberada.

(2) Una cantidad aleatoria de energía es liberada.

(3) El átomo pasa por transmutación.

(4) El átomo se desintegra espontáneamente.

4 ¿Qué elemento   es un líquido a 305 K y 1.0 de atmósfera?

(1) magnesio   (3) galio

(2) flúor   (4) yodo

5 ¿Cuál lista de elementos consiste de un metal, un metaloide, y un no metal?

(1) Li, Na, Rb   (3) Sn, Si, C

(2) Cr, Mo, W   (4) O, S, Te

6 En STP, ¿qué propiedad física del aluminio siempre permanece igual de muestra a muestra?

(1) masa   (3) longitud

(2) densidad   (4) volumen

7 ¿Qué declaración describe una propiedad química del silicón?

(1) El silicón tiene un color azul grisáceo.

(2) El silicón es un sólido frágil a 20°C.

(3) El silicón se derrite a 1414°C.

(4) El silicón reacciona con flúor.

8 ¿Qué diagrama representa una mezcla de dos formas moleculares diferentes del mismo elemento?

Clave
● = átomo de elemento X
○ = átomo de elemento Z

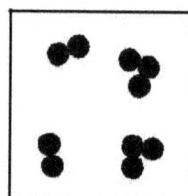

(1)

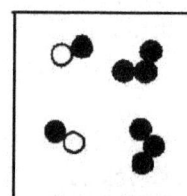

(3)

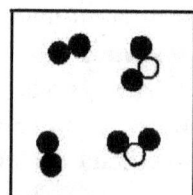

(2)

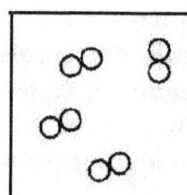

(4)

9 Un compuesto es quebrado por medios químicos durante

(1) cromatografía   (3) electrolisis

(2) destilación   (4) filtración

10 ¿Que cantidades deben ser conservadas en todas las reacciones químicas?

(1) masa, carga, densidad
(2) masa, carga, energía
(3) carga, volumen, densidad
(4) carga, volumen, energía

11 ¿Qué frase describe la distribución de cargas y la polaridad de una molécula de CH_4?

(1) simétrica y polar
(2) simétrica y no polar
(3) asimétrica y polar
(4) asimétrica y no polar

12 ¿Cuál es la carga del núcleo de un átomo de oxígeno?

(1) 0
(2) 2
(3) 8
(4) 16

13 ¿Que ion *no* tiene electrones?

(1) H^+
(2) Li^+
(3) Na^+
(4) Rb^+

14 Para quebrar un enlace químico, la energía debe ser

(1) absorbida
(2) destruida
(3) producida
(4) liberada

15 ¿Qué diagrama de Lewis representa un átomo de nitrógeno en el estado fundamental?

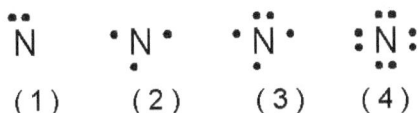

(1)   (2)   (3)   (4)

16 ¿Cuál es el valor de electronegatividad más probable para un elemento metálico?

(1) 1.3
(2) 2.7
(3) 3.4
(4) 4.0

17 ¿Qué ion poliatómico tiene una carga de 3-?

(1) ion de cromato
(2) ion de oxalato
(3) ion de fosfato
(4) ion de tiocianato

18 Todo átomo de cloro tiene

(1) 7 electrones
(2) 17 neutrones
(3) un número de masa de 35
(4) un número atómico de 17

19 ¿Qué sustancia *no* puede ser quebrada por un cambio químico?

(1) amoníaco
(2) metanol
(3) propano
(4) fosforo

20 ¿A presión estándar, qué sustancia se vuelve *menos* soluble en agua a medida que la temperatura aumenta de 10°C a 80°C?

(1) HCl
(2) KCl
(3) NaCl
(4) NH4Cl

21 ¿Qué tipo de concentración es calculada cuando los gramos de soluto son divididos por los gramos de la solución, y el resultado es multiplicado por 1.000.000?

(1) molaridad
(2) partes por millón
(3) porcentaje por masa
(4) porcentaje por volumen

22 ¿Qué tipo de energía es asociada con el movimiento aleatorio de los átomos y las moléculas en una muestra de aire?

(1) energía química
(2) energía eléctrica
(3) energía nuclear
(4) energía térmica

23 La temperatura de una muestra de material es la medida de la

(1) energía cinética total de las partículas en la muestra
(2) energía potencial total de las partículas en la muestra
(3) energía potencial promedio de las partículas en la muestra
(4) energía potencial promedio de las partículas en la muestra

24 ¿Qué unidad es usada para expresar la presión de un gas?

(1) mol
(2) joul
(3) kelvin
(4) pascal

25 ¿Qué muestra de materia realiza sublimación a temperatura ambiente y presión estándar?

(1) $Br_2(\ell)$

(3) $CO_2(s)$

(2) $Cl_2(g)$

(4) $SO_2(aq)$

26 Dado el diagrama representando un sistema cerrado a temperatura constante:

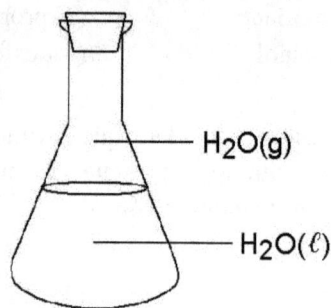

Frasco Tapado

¿Qué declaración describe este sistema en equilibrio?

(1) La masa del $H_2O(\ell)$ iguala la masa del $H_2O(g)$.

(2) El volumen del $H_2O(\ell)$ iguala el volumen del $H_2O(g)$.

(3) El número de moles de $H_2O(\ell)$ iguala el número de moles de $H_2O(g)$.

(4) La velocidad de evaporación de $H_2O(\ell)$ iguala la velocidad de condensación de $H_2O(g)$.

27 ¿Qué reacción ocurre en el cátodo en una celda electroquímica?

(1) combustión

(3) oxidación

(2) neutralización

(4) reducción

28 ¿Qué sustancia cede H (aq) como el único ion positivo en una solución acuosa?

(1) CH_3CHO

(3) CH_3COOH

(2) CH_3CH_2OH

(4) CH_3OCH_3

29 Comparado a la masa y poder de penetración de una partícula alfa, una partícula beta tiene

(1) menos masa y mayor poder de penetración

(2) menos masa y menor poder de penetración

(3) más masa y mayor poder de penetración

(4) más masa y menor poder de penetración

30 Durante una reacción nuclear, la masa se convierte en

(1) carga

(3) isómeros

(2) energía

(4) volumen

Parte B–1

Responda todas las preguntas en esta parte.

Direcciones (31–50): Para *cada* declaración o pregunta, registre en su folleto de respuestas el *número* de la palabra o expresión que, de las dadas, mejor completa la declaración o responda la pregunta. Algunas preguntas quizás requieran el uso de la *Edición del 2011 de Tablas de Referencia para Entornos Físicos/Química*.

31 Un átomo en estado fundamental tiene dos electrones en su primera capa y seis electrones en su segunda capa. ¿Cuál es el número total de protones en el núcleo de este átomo?

  (1) 5   (3) 7
  (2) 2   (4) 8

32 Un átomo de bromo en estado de excitación podría tener una configuración de electrones de

  (1) 2-8-18-6   (3) 2-8-17-7
  (2) 2-8-18-7   (4) 2-8-17-8

33 Las masas atómicas y las abundancias naturales de isotopos naturales de litio se muestran en la siguiente tabla.

Isotopos de Litio

Isotopo	Masa Atómica (u)	Abundancia Natural (%)
Li-6	6.02	7.5
Li-7	7.02	92.5

¿Qué escenario numérico puede ser usado para determinar la masa atómica del litio?

(1) $(0.075)(6.02\ u) + (0.925)(7.02\ u)$

(2) $(0.925)(6.02\ u) + (0.075)(7.02\ u)$

(3) $(7.5)(6.02\ u) + (92.5)(7.02\ u)$

(4) $(92.5)(6.02\ u) + (7.5)(7.02\ u)$

34 El elemento X reacciona con cloro para formar un compuesto Iónico que tiene la fórmula XCl_2. ¿A qué grupo pertenece el elemento X en la Tabla Periódica?

  (1) Grupo 1   (3) Grupo 13
  (2) Grupo 2   (4) Grupo 15

35 ¿Cuál tendencia general se encuentra en el Período 3 cuando los elementos son considerados en orden creciente de número atómico?

  (1) radio atómico creciente
  (2) electronegatividad creciente
  (3) masa atómica decreciente
  (4) primera energía de ionización decreciente

36 Dada la fórmula para un compuesto:

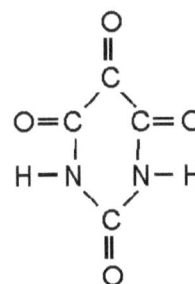

¿Qué formulas molecular y empírica representan este compuesto?

(1) C_2HNO_2 y CHNO

(2) C_2HNO_2 y C_2HNO_2

(3) $C_4H_2N_2O_4$ y CHNO

(4) $C_4H_2N_2O_4$ y C_2HNO_2

37 ¿Cuál es la masa fórmula gramo de $(NH_4)_3PO_4$?

  (1) 112 g/mol   (3) 149 g/mol
  (2) 121 g/mol   (4) 242 g/mol

38 En estado fundamental, qué átomo tiene capa de valencia de electrón completamente llena?

  (1) C   (3) Ne
  (2) V   (4) Sb

39 Dada la fórmula:

$$\begin{array}{c} H \quad H \quad H \\ | \quad\;\; | \quad\;\; | \\ H-C-C-C-O-H \\ | \quad\;\; | \quad\;\; | \\ H \quad H \quad H \end{array}$$

¿El enlace entre que dos átomos tiene el mayor grado de polaridad?

(1) C y C
(3) H y C
(2) C y O
(4) H y O

40 Dado el diagrama representando una curva de calefacción para una sustancia:

Curva de Calefacción

¿Durante cuál intervalo de tiempo es la energía cinética promedio de las partículas constante mientras la energía potencial de las partículas aumenta?

(1) AC
(3) CD
(2) BC
(4) DF

41 A 50°C y presión estándar, las fuerzas intermoleculares de atracción son más intensas en una muestra de

(1) ácido etanoico
(3) propanona
(2) etanol
(4) agua

42 A 101.3 kPa y 298 K, ¿cuál es la cantidad total de calor liberado cuando un mol de óxido de aluminio, $Al_2O_3(s)$, es formado de sus elementos?

(1) 393.5 kJ
(3) 1676 kJ
(2) 837.8 kJ
(4) 3351 kJ

43 Dada la ecuación balanceada representando una reacción:

$$2H_2O(\ell) + 571.6 \text{ kJ} \rightarrow 2H_2(g) + O_2(g)$$

¿Qué ocurrió como resultado de esta reacción?

(1) Se absorbió energía, y se aumentó la entropía.
(2) Se absorbió energía, y se disminuyó la entropía.
(3) Se liberó energía, y se aumentó la entropía.
(4) Se liberó energía, y se disminuyó la entropía.

44 Dado el diagrama de energía potencial representando una reacción reversible:

Reacción Coordinada

La energía de activación para la reacción inversa es representada por

(1) $A + B$
(3) $B + D$
(2) $B + C$
(4) $C + D$

45 ¿Cuál fórmula representa una molécula de 2-clorobutano?

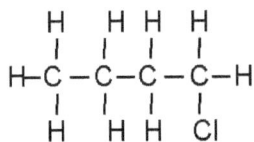
(1)

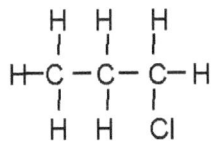
(3)

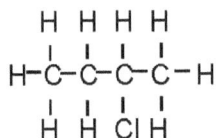
(2)

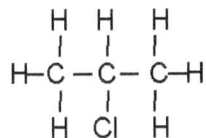
(4)

46 ¿Qué fórmula representa un hidrocarburo insaturado?

(1) CH_4

(3) C_3H_8

(2) C_2H_4

(4) C_4H_{10}

47 ¿Cuál ion se reduce más fácil?

(1) Zn^{2+}

(3) Co^{2+}

(2) Mg^{2+}

(4) Ca^{2+}

48 Dada la siguiente ecuación balanceada representando una ecuación:

$$HSO_4^- (aq) + H_2O(\ell) \rightarrow H_3O^+ (aq) + SO_4^{2-} (aq)$$

De acuerdo a la teoría de un ácido-base, la molécula de $H_2O(\ell)$ actúa como

(1) una base ya que aceptan iones H^+
(2) una base ya que donan iones H^+
(3) un ácido ya que aceptan iones H^+
(4) un ácido ya que donan iones H^+

49 ¿Cuál ecuación representa una reacción de oxidación-reducción?

(1) $H^+ + OH^- \rightarrow H_2O$

(2) $^{238}_{92}U \rightarrow ^{234}_{90}Th + ^4_2He$

(3) $Zn + Sn^{4+} \rightarrow Zn^{2+} + Sn^{2+}$

(4) $3AgNO_3 + Li_3PO_4 \rightarrow Ag_3PO_4 + 3LiNO_3$

50 Which equation represents natural transmutation?

(1) $^{10}_5B + ^4_2He \rightarrow ^{13}_7N + ^1_0n$

(2) $^{14}_6C \rightarrow ^{14}_7N + ^0_{-1}e$

(3) $S + 2e^- \rightarrow S^{2-}$

(4) $Na \rightarrow Na^+ + e^-$

Parte B–2

Responda todas las preguntas en esta parte.

Direcciones (51– 65): Registre sus respuestas en los espacios previstos en su folleto de respuestas. Algunas preguntas quizás requieran el uso de la *Edición del 2011 de Tablas de Referencia para Entornos Físicos/Química.*

51 ¿Cuál es la masa de $KNO_3(s)$ que debe disolverse en 100 gramos de agua para formar una solución saturada a 50°C? [1]

Base sus respuestas a las preguntas de la 52 a la 55 en la siguiente información.

La reacción entre aluminio y una solución acuosa de sulfato de cobre(II) es representada por la siguiente ecuación desbalanceada.

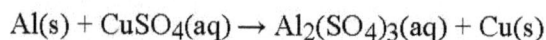

$$Al(s) + CuSO_4(aq) \rightarrow Al_2(SO_4)_3(aq) + Cu(s)$$

52 Identifique el tipo de reacción química representada por la reacción. [1]

53 Balancee la ecuación *en su folleto de respuestas*, usando el número entero de coeficientes más pequeño. [1]

54 Explique porque la ecuación representa un cambio químico. [1]

55 Determine el total de masa de Cu producida cuando 1.08 gramos de Al reaccionan completamente con 9.58 gramos de $CuSO_4$ para producir 6.85 gramos de $Al_2(SO_4)_3$. [1]

Base sus respuestas a las preguntas de la 56 a la 59 en la siguiente información.

Un total de 1.4 moles de nitrato de sodio se disuelven en suficiente agua para hacer 2.0 litros de una solución acuosa. La masa molar del nitrato de sodio es 85 gramos por mol.

56 Escriba la fórmula química para el soluto en la solución. [1]

57 Muestre un escenario numérico para el cálculo de la masa del soluto usado para hacer la solución. [1]

58 Compare el punto de ebullición de la solución a presión estándar con el punto de ebullición del H_2O a presión estándar. [1]

59 Determine la molaridad de la solución. [1]

Base sus respuestas a las preguntas de la 60 a la 62 en la siguiente información.

El calcio reacciona con agua. Esta reacción es representada por la siguiente ecuación balanceada. El producto acuoso de esta reacción puede ser calentado para evaporar agua, dejando un sólido blanco, $Ca(OH)_2(s)$.

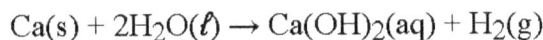

$$Ca(s) + 2H_2O(\ell) \rightarrow Ca(OH)_2(aq) + H_2(g)$$

60 Compare la conductividad eléctrica del producto acuoso en la reacción con la conductividad eléctrica del sólido blanco que permanece después de que el agua es evaporada de la solución. [1]

61 Escriba el nombre químico de la base producida en la reacción. [1]

62 Exponga *un* cambio en las condiciones de la reacción que aumente la velocidad de la reacción. [1]

Base sus respuestas a las preguntas de la 63 a la 65 en la siguiente información.

En una titulación, 20.0 mililitros de 0.15 M HCl(aq) son exactamente neutralizados por 18.0 mililitros de KOH(aq).

63 Complete la ecuación *en su folleto de respuestas* para la reacción de neutralización al escribir la fórmula de *cada* producto. [1]

64 Compare el número de moles de iones H^+ (aq) al número de moles de iones de OH^- (aq) en la mezcla de la titulación cuando el HCl(aq) es exactamente neutralizado por el KOH(aq). [1]

65 Determine la concentración del KOH(aq). [1]

Parte C

Responda todas las preguntas en esta parte.

Direcciones (66– 85): Registre sus respuestas en los espacios previstos en su folleto de respuestas. Algunas preguntas quizás requieran el uso de la *Edición del 2011 de Tablas de Referencia para Escenarios Físicos/Química*.

Base sus respuestas a las preguntas de la 66 a la 68 en la siguiente información.

John Dalton, uno de los primeros científicos, dibujó la estructura de los compuestos usando sus propios símbolos para los elementos conocidos en la época. Los símbolos de Dalton para cuatro elementos y su dibujo del sulfato de aluminio y potasio están representados en el siguiente diagrama.

**Dibujo de Dalton para el
Sulfato de Aluminio y Potasio**

En la actualidad, se conoce que la fórmula química para el sulfato de aluminio y potasio es $KAl(SO_4)_2 \cdot 12H_2O$. Es un compuesto hidratado ya que las moléculas de agua están incluidas dentro de su estructura cristalina. Hay 12 moles de H_2O por cada mol de $KAl(SO_4)_2$. El compuesto contiene dos iones positivos diferentes. La masa molar del $KAl(SO_4)_2 \cdot 12H_2O$ es 474 gramos por mol.

66 Identifique *un* ion positivo en el compuesto hidratado. Su respuesta debe incluir *tanto* el símbolo químico como la carga del ion. [1]

67 Describa, en términos de composición, *una* forma en la cual la percepción de Dalton del sulfato de aluminio y potasio difiere de lo que conocido hoy en día acerca del compuesto. [1]

68 Muestre un escenario numérico para el cálculo de la composición porcentual por masa de agua en el $KAl(SO_4)_2 \cdot 12H_2O$. [1]

Base sus respuestas a las preguntas de la 69 a la 71 en la siguiente información.

A presión estándar, el peróxido de hidrógeno, H_2O_2, se derrite a 0.4°C, hierve a 151°C, y es muy soluble en agua. Una botella de peróxido de hidrógeno acuoso, $H_2O_2(aq)$, comprado de una farmacia tiene una tapa que libera la presión. El peróxido de hidrógeno acuoso se descompone a temperatura ambiente, como se representa en la siguiente ecuación balanceada.

$$2H_2O_2(aq) \rightarrow 2H_2O(\ell) + O_2(g) + 196.0 \text{ kJ}$$

69 Exponga. en términos *tanto* de punto de ebullición como punto de fusión, porque el H_2O_2 es un líquido a temperatura ambiente. [1]

70 Exponga evidencia que indique la descomposición de $H_2O_2(aq)$ es exotérmica. [1]

71 Explique porque una botella de peróxido de hidrógeno necesita una tapa que libera presión. [1]

Base sus respuestas a las preguntas de la 72 a la 75 en la siguiente información.

Un estudiante construye una celda electroquímica durante una investigación de laboratorio. Cuando el interruptor se cierra, los electrones fluyen a través del circuito externo. El diagrama y la ecuación siguiente representan esta celda y la reacción que ocurre.

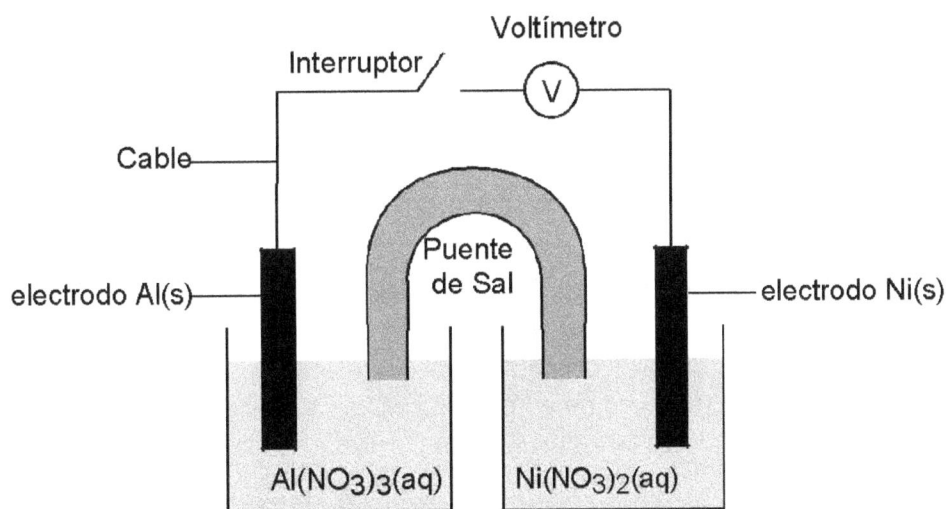

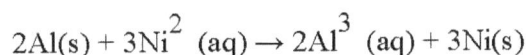

$$2Al(s) + 3Ni^{2}(aq) \rightarrow 2Al^{3}(aq) + 3Ni(s)$$

72 Exponga la dirección del flujo de electrón a través del cable cuando el interruptor está cerrado. [1]

73 Escriba una ecuación balanceada de media reacción para la oxidación que ocurre cuando el interruptor está cerrado. [1]

74 Determine el número de moles de $Al(s)$ necesitados para reaccionar completamente con 9.0 moles de iones de $Ni^{2+}(aq)$. [1]

75 Exponga, en términos de energía, porque esta celda es una celda voltaica. [1]

Base sus respuestas a las preguntas de la 76 a la 78 en la siguiente información.

El siguiente diagrama muestra valores pH típicos encontrados en cuatro partes del sistema digestivo humano. En el intestino delgado, la enzima lipasa actúa como un catalizador, aumentando la velocidad de la digestión de grasa.

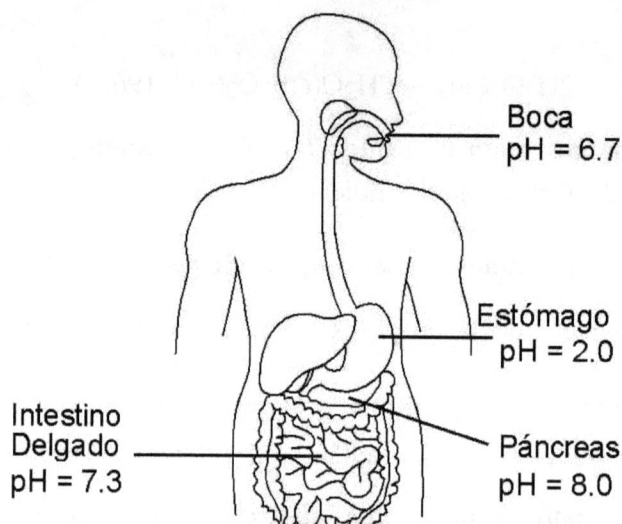

Boca
pH = 6.7

Estómago
pH = 2.0

Intestino
Delgado
pH = 7.3

Páncreas
pH = 8.0

76 ¿Cuál de las partes etiquetadas del sistema digestivo tiene el ambiente más ácido? [1]

77 ¿Cuál es el color del azul de timol en el pH del intestino delgado? [1]

78 Exponga como el catalizador lipasa aumenta la velocidad de la digestión de grasa. [1]

Base sus respuestas a las preguntas de la 79 a la 81 en la siguiente información.

Un tipo de jabón es producido cuando reaccionan estearato de etilo e hidróxido de sodio. El jabón producido por esta reacción es llamado estearato de sodio. El otro producto de la reacción es etanol. Esta reacción es representada por la siguiente ecuación balanceada.

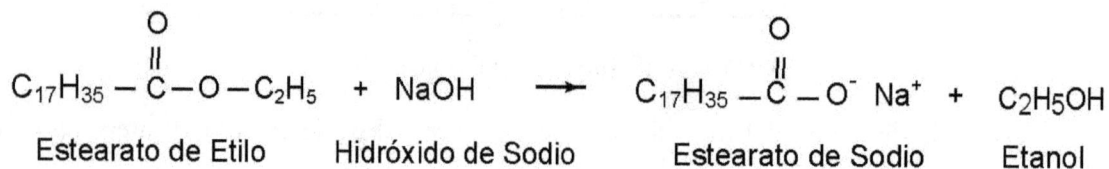

$$C_{17}H_{35} - \overset{O}{\underset{\|}{C}} - O - C_2H_5 \; + \; NaOH \; \longrightarrow \; C_{17}H_{35} - \overset{O}{\underset{\|}{C}} - O^- \, Na^+ \; + \; C_2H_5OH$$

Estearato de Etilo   Hidróxido de Sodio   Estearato de Sodio   Etanol

79 Identifique el tipo de reacción orgánica usada para hacer jabón. [1]

80 ¿A qué clase de compuesto orgánico pertenece el estearato de etilo? [1]

81 Identifique los *dos* tipos de enlaces en el compuesto estearato de sodio. [1]

Base sus respuestas a las preguntas de la 82 a la 85 en la siguiente información.

La fisión nuclear ha sido usada para producir electricidad. Sin embargo, la fusión nuclear para la producción está todavía bajo desarrollo. Las notaciones de algunos nucleídos usados en reacciones nucleares se muestran en la siguiente tabla.

Algunos Nucleídos Usados en Reacciones Nucleares

Reacción	Nucleídos
fisión nuclear	$^{233}_{92}U$, $^{235}_{92}U$
fusión nuclear	$^{1}_{1}H$, $^{3}_{1}H$

82 Compare las masas atómicas de los nucleídos usados en la fusión con las masas atómicas de los nucleídos usados en la fisión. [1]

83 Complete la tabla *en su folleto de respuestas* que compare el número total de protones y el número total de neutrones para los nucleídos de hidrógeno usados para la fusión. [1]

84 Complete la ecuación nuclear *en su folleto de respuestas* para la fisión del $^{233}_{92}U$ al escribir la notación del producto faltante. [1]

85 Exponga *un* beneficio potencial de usar la fusión nuclear en vez del uso actual de fisión nuclear para producir electricidad. [1]

La Universidad del Estado de Nueva York

EVALUACIONES DE LA ESCUELA SUPERIOR DE REGENTS

ENTORNO FÍSICO
QUÍMICA

Jueves, 24 de enero de 2013 - 1:15 a 4:15 pm, solamente

La posesión o uso de cualquier dispositivo de comunicación está estrictamente prohibida cuando tome el examen. Si usted utiliza cualquier dispositivo de comunicaciones no importa cuán breve sea, su examen será invalidado y no se calculará su calificación.

Esta es una prueba de su conocimiento en química. Use ese conocimiento para responder a todas las preguntas de este examen. Algunas preguntas pueden requerir el uso de las *Tablas de Referencia para el Entorno de Física / Química de la edición de 2011*. Usted debe contestar todas las preguntas en todas las secciones del examen de acuerdo con las instrucciones que se facilitan en este folleto de examen.

Una hoja suelta de respuestas para la Parte A y la Parte B-1 se ha proporcionado. Siga las instrucciones del supervisor para completar la información de los estudiantes en su hoja de respuestas. Escriba sus respuestas de la Parte A y la Parte B-1 de opción múltiple sobre esta hoja de respuestas suelta. Escriba sus respuestas para las preguntas de la Parte B-2 y en la Parte C en su folleto de respuestas suelto. Asegúrese de llenar el encabezado en el frente de su folleto de respuestas.

Todas las respuestas en su folleto de respuestas deben ser escritas con bolígrafo, excepto en los gráficos y dibujos que deben hacerse con lápiz. Puede usar papel de borrador para las respuestas de las preguntas, pero asegúrese de anotar todas sus respuestas en la hoja suelta de respuestas o en su folleto de respuestas según las indicaciones.

Cuando haya terminado el examen deberá firmar la declaración impresa en su hoja de respuestas ya separada, indicando que no tenía ningún conocimiento ilegal de las preguntas o respuestas antes del examen y que no ha dado ni recibido asistencia alguna para responder a las preguntas durante el examen. Su hoja de respuestas y el cuadernillo de respuestas no será aceptado si no firma dicha declaración.

Notificación…

Una calculadora de cuatro funciones o científica y una copia de las *Tablas de Referencia para el Entorno de Física / Química de la edición de 2011* debe estar disponible para su uso mientras toma este examen.

NO ABRA ESTE FOLLETO DE EXAMEN HASTA QUE SE LE INDIQUE.

Parte A

Responda todas las preguntas en esta parte.

Instrucciones (1-30): Para *cada* enunciado o pregunta, marque en su hoja de respuestas suelta el *número* de la palabra o frase que ofrezca el mejor enunciado completo o responda a la pregunta. Algunas de las preguntas puede requerir el uso de las *Tablas de Referencia de Entorno Físico / Químicas de la Edición de 2011*.

1. ¿Cuáles partículas tienen aproximadamente la misma masa?
   (1) La partícula alfa y la partícula beta
   (2) La partícula alfa y protón
   (3) neutrón y positrón
   (4) neutrón y protón

2. ¿Qué frase describe un átomo?
   (1) un núcleo cargado negativamente rodeado por protones cargados positivamente
   (2) un núcleo cargado negativamente rodeado por electrones cargados positivamente
   (3) un núcleo cargado positivamente rodeado por protones cargados negativamente
   (4) un núcleo cargado positivamente rodeado por electrones cargados negativamente

3. Un orbital se define como una región de la más probable localización de
   (1) un electrón   (3) un núcleo
   (2) un neutrón   (4) un protón

4. El espectro de líneas brillantes de un elemento en la fase gaseosa se produce cuando
   (1) los protones pasan de estados de menor energía a estados de mayor energía
   (2) los protones pasan de estados de mayor energía a estados de energía más bajos
   (3) los electrones se mueven a partir de estados de menor energía a estados de mayor energía
   (4) los electrones se mueven a partir de los estados de mayor energía a estados de energía más bajos

5. Un átomo de litio-7 tiene un número igual de
   (1) electrones y neutrones
   (2) electrones y protones
   (3) positrones y neutrones
   (4) positrones y protones

6. ¿Qué tipo de reacción química hace que dos o más reactivos se combinen para formar un producto, solamente?
   (1) síntesis
   (2) descomposición
   (3) sólo reemplazo
   (4) doble sustitución

7. ¿Qué enunciado explica el por qué el neón es un elemento del grupo 18?
   (1) El neón es un gas en STP.
   (2) El neón tiene un punto de fusión bajo.
   (3) Los átomos del neón tienen un electrón de valencia estable en su configuración.
   (4) Los átomos de neón tiene dos electrones en la primera orbita.

8. ¿Qué elemento tiene propiedades químicas que son más similares a las propiedades químicas del flúor?
   (1) boro   (3) neón
   (2) cloro   (4) de oxígeno

9. ¿Qué ocurre cuando dos átomos de flúor se combinan para convertirse en una molécula de flúor?
   (1) se forma una unión tal que la energía es absorbida.
   (2) se forma una unión tal que se libera energía.
   (3) Un vínculo se rompe cuando la energía es absorbida.
   (4) Un vínculo se rompe cuando se libera energía.

10. ¿Cuál es el número de pares de electrones que es compartido entre los átomos de nitrógeno en una molécula de N2?
    (1) 1   (3) 3
    (2) 2   (4) 6

11. ¿Qué conjunto de valores representa una presión estándar y temperatura estándar?
(1) 1 atm y 101,3 K
(2) 1 kPa y 273 K
(3) 101,3 kPa y 0 ° C
(4) 101,3 atm y 273 ° C

12. ¿Qué enunciado acerca de un átomo de un elemento identifica el elemento?
(1) El átomo tiene 1 protón.
(2) El átomo tiene 2 neutrones.
(3) La suma del número de protones y neutrones del átomo es 3.
(4) La diferencia entre el número de neutrones y protones en el átomo es 1.

13. Una sustancia se clasifica como un elemento o un
(1) Compuesto
(2) Solución
(3) mezcla heterogénea
(4) mezcla homogénea

14. Un elemento sólido que es maleable, un buen conductor de la electricidad y reacciones con el oxígeno se clasifica como un
(1) metal   (3) gas noble
(2) metaloide   (4) no metal

15. Tres formas de energía son
(1) química, exotérmica, y temperatura
(2) química, térmica y electromagnética
(3) eléctrica, nuclear, y temperatura
(4) eléctrica, mecánica, y endotérmicas

16. ¿Cuál es la cantidad total de calor necesaria para evaporizar 1,00 gramos de H_2O (ℓ) en 100. ° C y 1 atmósfera?
(1) 4,18 J   (3) 373 J
(2) 334 J   (4) 2260 J

17. ¿Qué se requiere para una reacción química ocurra?
(1) temperatura estándar y presión
(2) un catalizador añadido al sistema de reacción
(3) las colisiones efectivas entre las partículas reaccionantes
(4) un número igual de moles de reactivos y productos

18. ¿Qué compuesto es soluble en agua?
(1) PBS   (3) Na2S
(2) BaS   (4) Fe2S3

19. En comparación con una muestra de 26-gramo de NaCl (s) en STP, una muestra de 52-gramo de NaCl (s) a STP tiene
(1) una densidad diferente
(2) una diferente fórmula-gramo de masa
(3) las mismas propiedades químicas
(4) el mismo volumen

20. Un gas cambia directamente a un sólido durante
(1) fusión   (3) saponificación
(2) deposición   (4) descomposición

21. La fase de una muestra de una sustancia molecular a STP no está determinada por su
(1) disposición de las moléculas
(2) las fuerzas intermoleculares
(3) número de moléculas
(4) la estructura molecular

22. ¿Qué átomo tiene la más débil atracción para los electrones en un enlace químico?
(1) un átomo de boro   (3) un átomo de flúor
(2) un átomo de calcio (4) un átomo de nitrógeno

23. ¿Cuál enunciado describe una reacción química en el equilibrio?
(1) Los productos se consume completamente en la reacción.
(2) Los reactivos se consume completamente en la reacción.
(3) Las concentraciones de los productos y reactivos son iguales.
(4) Las concentraciones de los productos y reactivos son constantes.

24. ¿Qué elemento tiene átomos que se puede unir a cada otro en anillos y redes?
(1) de aluminio   (3) hidrógeno
(2) carbón   (4) de oxígeno

25. En una reacción de oxido-reducción, el total del número de electrones perdidos es
(1) igual al número total de electrones ganado
(2) igual al número total de protones ganado
(3) menor que el número total de electrones ganado
(4) menor que el número total de protones ganado

26. ¿Qué compuestos son electrolitos?
(1) C_2H_5OH y H_2SO_4
(2) C_2H_5OH y CH_4
(3) de KOH y H_2SO_4
(4) KOH y CH_4

27. ¿Qué compuestos ceden iones de hidrógeno como los únicos iones positivos en una solución acuosa?
(1) H_2CO_3 y $HC_2H_3O_2$
(2) H_2CO_3 y $NaHCO_3$
(3) NH_3 y $HC_2H_3O_2$
(4) NH_3 y $NaHCO_3$

28. Los núcleos de átomos de U-238 son
(1) estable y absorbe espontáneamente partículas alfa
(2) estable y espontáneamente emiten partículas alfa
(3) inestable y absorbe espontáneamente partículas alfa
(4) inestable y espontáneamente emiten partículas alfa

29. ¿Cuál emisión nuclear tiene el mayor poder de penetración?
(1) protón
(2) las partículas beta
(3) de radiación gamma
(4) positrones

30. La datación de las formaciones geológicas es un ejemplo de un uso beneficioso de
(1) isómeros
(2) los electrolitos
(3) compuestos orgánicos
(4) nucleídos radiactivos

Parte B-1

Conteste todas las preguntas en esta parte.

Instrucciones (31-50): Para *cada* enunciado o pregunta, marque en su hoja de respuestas separada el *número* de la palabra o frase que, de las que se ofrecen, mejor complete el enunciado o responda a la pregunta. Algunas de las preguntas puede requerir el uso de las *Tablas de Referencia del Entorno Físico / Química de la Edición 2011.*

31. ¿Qué configuración electrónica representa un átomo de selenio en un estado excitado?
    (1) 2-7-18-6   (3) 2-8-18-6
    (2) 2-7-18-7   (4) 2-8-18-7

32. Cuando la concentración de ion hidronio de una solución se incrementa por un factor de 10, el valor de pH de la solución
    (1) disminuye 1 unidad de pH
    (2) disminuye 10 unidades de pH
    (3) aumenta 1 unidad de pH
    (4) aumenta 10 unidades de pH

33. En la fórmula XF_2, el elemento representado por X puede ser clasificado como un
    (1) Grupo 1 metal   (3) Grupo 1 no metal
    (2) Grupo 2 metal   (4) Grupo 2 no metal

34. Qué compuesto tiene el menor porcentaje de composición de la masa de cloro?
    (1) HCl   (3) LiCl
    (2) KCl   (4) NaCl

35. Dada la ecuación incompleta representando una reacción de:

    $$2C_6H_{14} + \underline{\qquad} O_2 \rightarrow 12CO_2 + 14H_2O$$

    ¿Cuál es el coeficiente de O_2 cuando la ecuación está completamente equilibrada con la más pequeña coeficientes de números enteros?
    (1) 13   (3) 19
    (2) 14   (4) 26

36. ¿Cuál es el número de oxidación del yodo en KIO_4?
    (1) +1   (3) +7
    (2) -1   (4) -7

37. ¿Cuál es la fórmula química del carbonato de zinc?
    (1) $ZnCO_3$ (3) Zn_2CO_3
    (2) $Zn(CO_3)_2$ (4) Zn_3CO_2

38. ¿Cuál enunciado explica por qué una molécula de CH_4 es no polar?
    (1) Los enlaces entre los átomos de una molécula CH_4 son polares.
    (2) Los enlaces entre los átomos de una molécula CH_4 son iónicos.
    (3) La forma geométrica de una molécula de CH_4 distribuye las cargas simétricamente.
    (4) La forma geométrica de una molécula de CH_4 distribuye las cargas asimétricamente.

39. Qué átomo en el estado fundamental tiene la misma configuración electrónica como un ion de calcio, Ca2?, en el estado fundamental?
    (1) Ar   (3) Mg
    (2) K   (4) Ne

40. En la $KHSO_4$ compuesto, hay un enlace iónico entre el
    (1) KH^+ y SO_4^{2-} iones
    (2) $KHSO_3^+$ y O^{2-} iones
    (3) K^+ y HS^- iones
    (4) K^+ y HSO_4^- iones

41. Dada la ecuación balanceada que representa una reacción:

$$^{27}_{13}\text{Al} + ^{4}_{2}\text{He} \rightarrow ^{30}_{15}\text{P} + ^{1}_{0}\text{n}$$

¿Qué tipo de reacción está representada por esta ecuación?

(1) combustión   (3) saponificación
(2) descomposición   (4) transmutación

42. Una muestra de 220,0 mL de gas helio está en un cilindro con un émbolo móvil a 105 kPa y 275 K. El pistón se empuja hacia adentro hasta que la muestra tiene un volumen de 95,0 mL. La nueva temperatura del gas es 310. K. ¿Cuál es la presión de la nueva muestra?

(1) 51,1 kPa   (3) 243 kPa
(2) 216 kPa   (4) 274 kPa

43. Teniendo en cuenta la curva de enfriamiento de una sustancia:

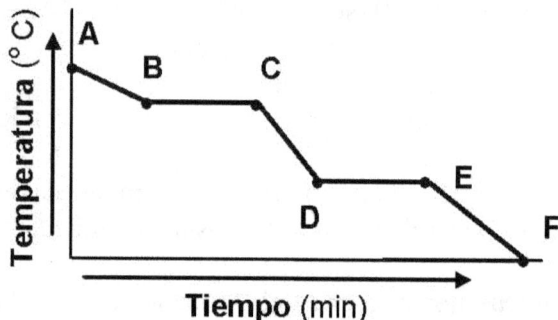

En qué intervalos la energía potencial está disminuyendo y la energía cinética media está constante?

(1) AB y BC   (3) DE y BC
(2) AB y CD   (4) DE y EF

44. Qué metal espontáneamente reaccionará con Zn^{2+} (aq), pero no de forma espontánea reacciona con Mg^{2+} (aq)?

(1) Mn(s)   (3) Ni(s)
(2) Cu(s)   (4) Ba(s)

45. ¿Qué diagrama representa la disposición de partículas de moléculas de F_2 en una muestra de flúor a 95 K y presión estándar?

Clave
◯ = átomo de flúor

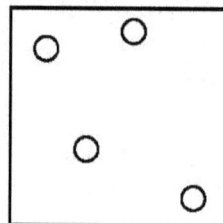
(1)

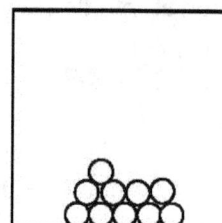
(2)

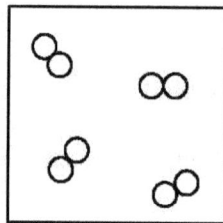
(2)

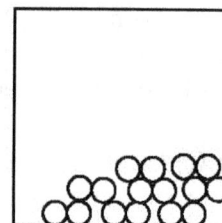
(4)

46. Dada las fórmulas de cuatro compuestos orgánicos:

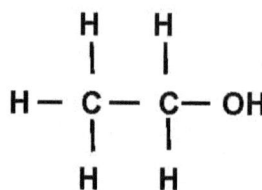
(A)

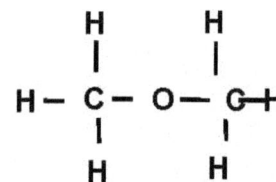
(C)

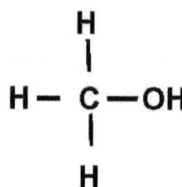
(B)

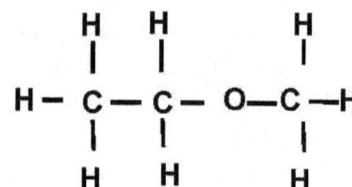
(D)

¿Cuáles compuestos tienen la misma fórmula molecular?

(1) A y B   (3) D y B
(2) A y C   (4) D y C

47. Dada la ecuación incompleta representa una reacción:

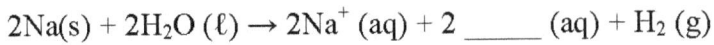

$$2Na(s) + 2H_2O\ (\ell) \rightarrow 2Na^+\ (aq) + 2\ \underline{\hspace{1cm}}\ (aq) + H_2\ (g)$$

¿Cuál es la fórmula del producto que falta?
(1) O^{2-} (3) OH^-
(2) O_2 (4) OH

48. Teniendo en cuenta la ecuación que representa una reacción en la que las masas se expresan en unidades de masa atómica:

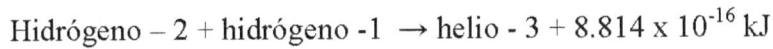

Hidrógeno – 2 + hidrógeno -1 $\rightarrow$ helio - 3 + 8.814 x 10^{-16} kJ

2.014 102u   1.007 825u   3.016 029 u

¿Qué frase describe esta reacción?
(1) una reacción química y la masa se convierte en energía
(2) una reacción química y la energía se convierte en masa
(3) una reacción nuclear y la masa se convierte en energía
(4) una reacción nuclear y la energía se convierte en masa

49. Teniendo en cuenta el diagrama que representa un proceso que se utiliza para separar los tintes coloreados en colorante de alimentos:

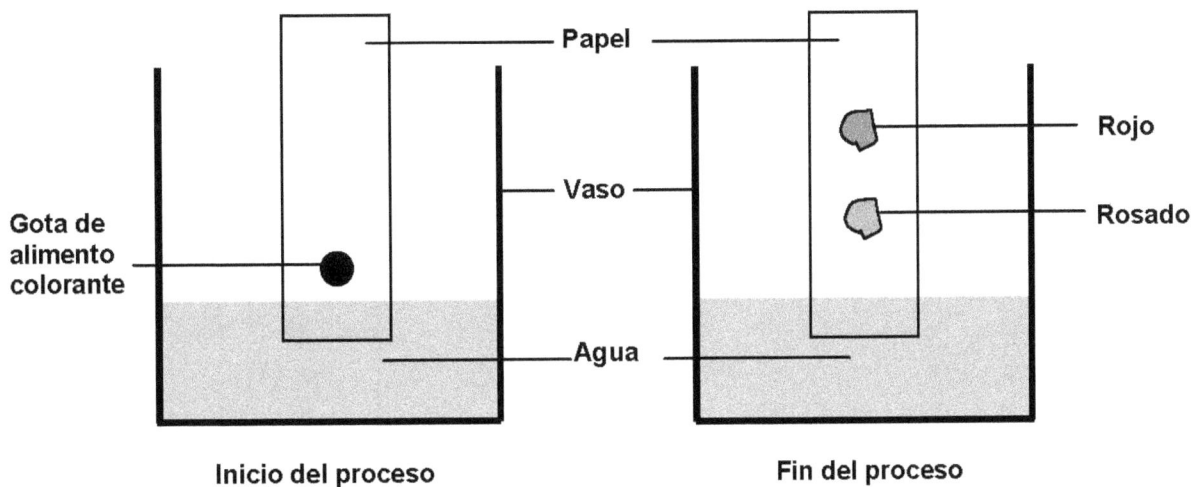

¿Qué proceso está representado por este diagrama?
(1) cromatografía   (3) destilación
(2) la electrólisis   (4) valoración

50. Teniendo en cuenta el diagrama que representa una reacción:

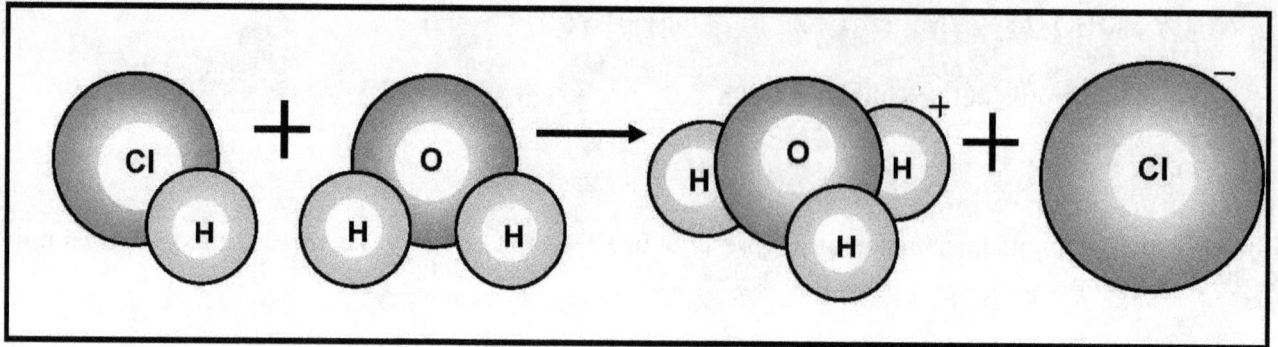

De acuerdo con una teoría ácido-base, el agua actúa como
(1) una base, ya que acepta un H^+
(2) una base, ya que dona un H^+
(3) un ácido, ya que acepta un H^+
(4) un ácido porque dona un H^+

Parte B-2

Conteste todas las preguntas en esta parte.

Instrucciones (51-65): Escriba sus respuestas en los espacios provistos en su folleto de respuestas. Algunas de las preguntas puede requerir el uso de las *Tablas de Referencia del Entorno Físico / Química de la Edición 2011.*

51. Dibuje un electrón de Lewis en un diagrama de punto para un átomo de silicio. [1]

Base sus respuestas a las preguntas 52 a la 54 en la siguiente información.

El diagrama de energía potencial y la ecuación balanceada que se muestra a continuación representa una reacción entre el carbono sólido y gas hidrógeno para producir 1 mol de $C_2H_4(g)$ a 101,3 kPa y 298 K.

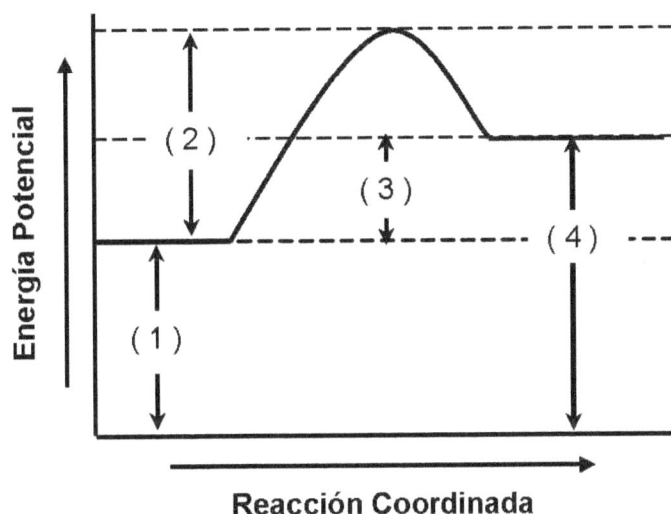

$$2C(s) + 2H_2(g) + 52.4\,kJ \rightarrow C_2H_4(g)$$

52. Diga lo que representa el intervalo 3. [1]

53. Determinar el importe neto de la energía absorbida cuando 2.00 moles de $C_2H_4(g)$ son producido. [1]

54. Identifique *un* cambio en las condiciones de reacción, con excepción de la adición de un catalizador, que puede aumentar la velocidad de esta reacción. [1]

Base sus respuestas de las preguntas 55 a la 58 en la siguiente información.

El número atómico y el radio atómico correspondiente del período de tres elementos se muestran en la siguiente tabla de datos.

Tabla de Datos

Número Atómico	Radio Atómico (pm)
11	160
12	140
13	124
14	114
15	109
16	104
17	100
18	101

55. En la cuadrícula *en su folleto de respuestas*, marque con una escala apropiada en el eje marcado "Radio atómico (pm)". [1]

56. En la cuadrícula *en su folleto de respuestas*, grafique los datos de la tabla de datos. Círcule y conecte los puntos. [1]

57. Diga la relación general entre el número atómico y el radio atómico para el Período de 3 elementos. [1]

58. Explique, en términos de electrones, el cambio en el radio cuando un átomo de sodio se convierte en una de iones de sodio. [1]

Base sus respuestas de las preguntas 59 a 61 en la siguiente información.

La siguiente ecuación representa la reacción entre el 1-buteno y bromo para formar el compuesto 1,2-dibromobutano, $C_4H_8Br_2$.

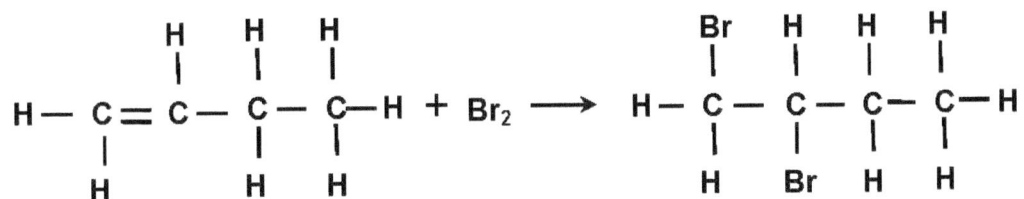

59. Explique, en términos de unión, por qué el reactivo de hidrocarburo es un hidrocarburo insaturado. [1]

60. Determinar la masa fórmula-gramo de 1-buteno. [1]

61. Escriba la fórmula empírica para el producto. [1]

Base sus respuestas de las preguntas 62 a la 65 en la siguiente información.

El Cloruro de amonio se disuelve en agua para formar una solución de 0.10 M NH_4Cl (aq). Este proceso de disolución está representado por la siguiente ecuación.

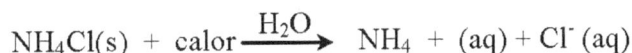

$$NH_4Cl(s) \ + \ calor \xrightarrow{H_2O} \ NH_4 \ + \ (aq) + Cl^- \ (aq)$$

62. Determinar el número de moles de NH_4Cl (s) utilizados para producir 2,0 litros de esta solución. [1]

63. Diga evidencias que indican que la disolución de cloruro de amonio es un proceso endotérmico. [1]

64. Explique, en términos de iones, por las que una muestra de 10.0 mililitros de 0.30 M NH_4Cl (aq) es un mejor conductor de electricidad que una muestra de 10,0 mililitros de la 0.10 M NH_4Cl (aq). [1]

65. Determinar la masa mínima de NH_4Cl (s) requerida para producir una solución saturada en 100. gramos de agua a 40 ° C. [1]

Parte C

Conteste todas las preguntas en esta parte.

Instrucciones (66-85): Escriba sus respuestas en los espacios provistos en su folleto de respuestas. Algunas de las preguntas puede requerir el uso de las *Tablas de Referencia del Entorno Físico / Químicas de la Edición de 2011*

Base sus respuestas de las preguntas 66 a la 69 en la siguiente información.

El gas nitrógeno y gas oxígeno constituyen aproximadamente el 99% de la atmósfera terrestre. Otros gases atmosféricos incluyen argón, dióxido de carbono, metano, ozono, hidrógeno, etc.
La cantidad de dióxido de carbono en la atmósfera puede variar. Los datos para la concentración de $CO_2(g)$ de 1960 a 2000 se muestran en la siguiente tabla.

Concentración Atmosférica de $CO_2(g)$

Año	Concentración (ppm)
1960	316.9
1980	338.7
2000	369.4

66. Identifique un elemento diatómico que se encuentra en la atmósfera. [1]

67. Explique, en términos de tipos de materia, ¿por qué el metano puede ser degradado por sustancias químicas, pero el argón no puede ser degradado por medios químicos. Su respuesta debe incluir tanto metano y argón. [1]

68. Muestra una configuración numérica para el cálculo de la masa de dióxido de carbono en una muestra de 100.0 gramos en de aire tomada en 1980. [1]

69. Explique por qué la atmósfera se clasifica como una mezcla. [1]

Base sus respuestas a las preguntas 70 a la 72 en la siguiente información.

Los elementos metálicos son obtenidos a partir de sus minerales por reducción. Algunos metales, como zinc, plomo, hierro y cobre, puede obtenerse por calentamiento de sus óxidos con carbono.
Los metales más activos, tales como aluminio, magnesio y sodio, *no* se pueden reducir por el carbono. Estos metales se pueden obtener mediante la electrólisis de los minerales fundidos (fundido). El siguiente diagrama representa una célula incompleta para la electrólisis de NaCl fundido. La siguiente ecuación representa la reacción que se produce cuando la célula funciona completa.

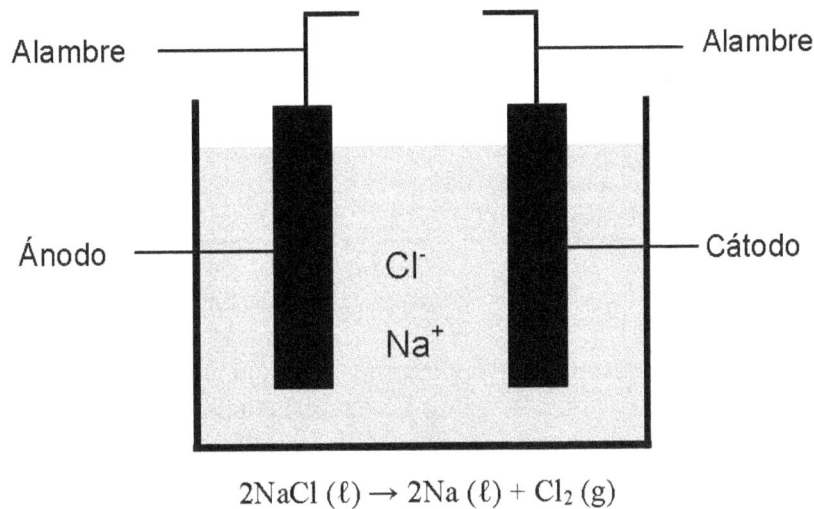

Alambre — Alambre
Ánodo — Cátodo
Cl^-
Na^+

$$2NaCl\,(\ell) \rightarrow 2Na\,(\ell) + Cl_2\,(g)$$

70. Identifique el componente necesario para la electrólisis de NaCl fundido que falta a partir del diagrama de células. [1]

71. Identifique un metal del pasaje que es más activo que el carbono y el metal de uno de el pasaje que es menos activo que el carbono. [1]

72. Escriba una ecuación balanceada de media reacción para la reducción de los iones de hierro en hierro (III) óxido a átomos de hierro. [1]

Base sus respuestas a las preguntas 73 a 76 en la siguiente información.

El elemento de boro, un oligoelemento en la corteza terrestre, se encuentra en los alimentos producidos a partir de plantas. El boro tiene sólo dos isótopos naturales estables, boro -10 y boro -11.

73. Compara la abundancia de los dos isótopos naturales de boro. [1]

74. Escriba una notación isotópica del isótopo más pesado del elemento boro. Su respuesta debe incluir el número atómico, el número de masa, y el símbolo de este isótopo. [1]

75. Diga, en términos de partículas subatómicas, una diferencia entre el núcleo de un átomo de carbono -11 y el núcleo de un átomo de boro -11. [1]

76. Una muestra de un vegetal verde contiene 0.0035 g de boro. Determine el total de número de moles de boro en esta muestra. [1]

Base sus respuestas a las preguntas 77 a 79 en la siguiente información.

El ingrediente activo de la aspirina para aliviar el dolor es el ácido acetilsalicílico. Este compuesto puede ser producido haciendo reaccionar el ácido salicílico con ácido acético. La etiqueta de la botella de aspirina indica que la masa aceptada de ácido acetilsalicílico en cada comprimido es de 325 miligramos.
En un laboratorio, un comprimido de aspirina se tritura y se mezcla con agua para disolver todo el ácido acetilsalicílico. El pH medido de la solución resultante es 3.0

77. Escriba la fórmula química del ácido acético. [1]

78. Diga el color del indicador de naranja de metilo después de que el indicador se coloca en la solución. [1]

79. La masa de ácido acetilsalicílico en comprimido de aspirina está determinado a ser 320 miligramos. Muestra una configuración numérica para calcular el porcentaje de error para la masa del acido acetilsalicílico en esta tableta de aspirina. [1]

Base sus respuestas a las preguntas 80 a la 82 en la siguiente información.

Un estudiante investigó la transferencia de calor a través de una botella de agua. El estudiante ha colocado la botella en una habitación a 20.5 ° C. El estudiante mide la temperatura del agua en la botella a las 7 am y de nuevo a las 3 pm. Los datos de la investigación se muestran en la tabla a continuación.

Datos de Investigación de la Botella de Agua

7:00 a.m.		3:00 p.m.	
Masa de Agua (g)	Temperatura (°C)	Masa de Agua (g)	Temperatura (°C)
800	12.5	800	20.5

80. Compare la energía cinética media de las moléculas de agua en la botella a las 7 de la mañana a la la energía cinética media de las moléculas de agua en la botella a las 3 pm [1]

81. Mencione la dirección de la transferencia de calor entre el entorno y el agua en la botella de 7 a.m.-3 p.m. [1]

82. Muestre una configuración numérica para el cálculo de la variación de la energía térmica del agua en la botella de 7 a.m.-3 p.m. [1]

Base sus respuestas a las preguntas 83 a 85 en la siguiente información.

En un método de fabricación de pan, el almidón se descompone en glucosa. La Zimasa es una enzima presentes en la levadura, actúa como un catalizador para la reacción en la que la glucosa reacciona para producir etanol y dióxido de carbono. El gas dióxido de carbono hace que la masa de pan suba. La ecuación equilibrada siguiente representa la reacción catalizada.

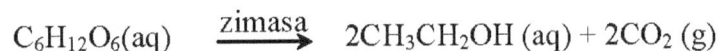

$$C_6H_{12}O_6(aq) \xrightarrow{zimasa} 2CH_3CH_2OH (aq) + 2CO_2 (g)$$

83. Identifique el tipo de reacción orgánica representada por esta ecuación. [1]

84. Identifique el grupo funcional en una molécula de etanol. [1]

85. Diga de qué forma el catalizador, zimasa, aumenta la velocidad de esta reacción. [1]

La Universidad del Estado de Nueva York

EVALUACIÓN DE SECUNDARIA NIVEL REGENTS

ENTORNO FÍSICO
QUÍMICA

Martes, 18 de Junio, 2013 — solo de 9:15 a.m. a 12:15 p.m.

La posesión o uso de cualquier dispositivo de comunicación está estrictamente prohibida mientras realice esta evaluación. Si usted tiene o utiliza cualquier dispositivo de comunicación, sin importar cuan corta sea, su evaluación será invalidada y ninguna puntuación le será calculada.

Esta es una prueba de su conocimiento de química. Utilice ese conocimiento para responder todas las preguntas en esta evaluación. Algunas preguntas quizás requieran el uso de la *Edición del 2011 de Tablas de Referencia para Entornos Físicos/Química*. Usted responderá todas las preguntas en todas las partes de esta evaluación de acuerdo a las directrices previstas en este folleto evaluativo.

Una hoja de respuestas separada para la Parte A y para la Parte B-1 se le ha otorgado a usted. Siga las instrucciones del coordinador para completar la información del estudiante en su hoja de respuestas. Registre sus respuestas a las preguntas de opción múltiple de la Parte A y la Parte B-1 en esta hoja de respuestas separada. Registre sus respuestas a las preguntas de la Parte B-2 y la Parte C en su folleto separado de respuestas. Asegúrese de llenar el encabezado en el frente de su folleto de respuestas.

Todas las respuestas en su folleto de respuestas deben ser escritas en bolígrafo, excepto por los gráficos y los dibujos, los cuales deben ser hechos en lápiz. Usted puede usar trozos de papel para resolver las respuestas a las preguntas, pero Asegúrese de registrar todas sus preguntas en su hoja de respuestas separada o en su folleto de respuestas como se le dijo.

Cuando usted haya finalizado la evaluación, usted debe firmar la declaración impresa en su hoja de respuestas separada, indicando que usted no tuvo conocimiento ilegal de las preguntas o respuestas previo a la evaluación y que usted no dio ni recibió asistencia respondiendo las preguntas durante la evaluación. Su hoja de respuestas y folleto de respuestas no podrán ser aceptados si usted no firma esta declaración.

Notése. . .

Una calculadora científica o de cuatro funciones y una copia de *Edición del 2011 de Tablas de Referencia para Entornos Físicos/Química* deben estar disponible para el uso mientras realiza el evaluativo.

NO ABRA ESTE FOLLETO EVALUATIVO HASTA QUE SEA DADA LA SEÑAL.

Parte A

Responda todas las preguntas en esta parte.

Direcciones (1–30): Para *cada* declaración o pregunta, registre en su hoja de respuestas separada el *número* de la palabra o expresión que, de las dadas, mejor completa la declaración o responda la pregunta. Algunas preguntas quizás requieran el uso de la *Edición del 2011 de Tablas de Referencia para Entornos Físicos/Química*.

1 De acuerdo al modelo de ondas mecánicas del átomo, una orbital es la región más probable de

(1) una partícula alfa   (3) un electrón

(2) un rayo gama   (4) un protón

2 ¿Cuáles partículas tienen aproximadamente la misma masa?

(1) un electrón y una partícula alfa

(2) un electrón y un protón

(3) un neutrón y una partícula alfa

(4) un neutrón y un protón

3 Durante una prueba de llama, una sal de litio produce una llama roja característica. Este color rojo se produce cuando los electrones en átomos de litio excitados

(1) son perdidos por los átomos

(2) son ganados por los átomos

(3) regresan a estados energía inferior entre los átomos

(4) se mueven a estados de energía superior entre los átomos

4 Comparado a la energía y carga de los electrones en la primera capa de un átomo de Be, los electrones en la segunda capa de este átomo tienen

(1) menos energía y la misma carga

(2) menos energía y una carga diferente

(3) más energía y la misma carga

(4) más energía y una diferente carga

5 ¿Qué cantidad puede variar entre átomos del mismo elemento?

(1) número de masa

(2) número atómico

(3) número de protones

(4) número de electrones

6 ¿Cuáles sustancias tienen átomos del mismo elemento pero estructuras moleculares distintas?

(1) $He(g)$ y $Ne(g)$ (3) $K(s)$ y $Na(s)$

(2) $O_2(g)$ y $O_3(g)$ (4) $P_4(s)$ y $S_8(s)$

7 Un átomo que tiene 13 protones y 15 neutrones es un isotopo del elemento

(1) níquel   (3) aluminio

(2) silicón   (4) fosforo

8 ¿Cuáles elementos tienen las propiedades químicas más similares?

(1) Si, As, y Te   (3) Mg, Sr, y Ba

(2) N_2, O_2, y F_2 (4) Ca, Cs, y Cu

9 ¿Qué lista incluye tres tipos de fórmulas químicas para compuestos orgánicos?

(1) covalente, metálica, isotópica

(2) covalente, metálica, molecular

(3) empírica, estructural, isotópica

(4) empírica, estructural, molecular

10 En un enlace entre un átomo de carbono y un átomo de flúor, el átomo de flúor tiene

(1) una atracción más débil por los electrones

(2) una atracción más fuerte por los electrones

(3) un número más pequeño de electrones de primera capa

(4) un número más grande de electrones de primera capa

11 Una muestra de $CO_2(s)$ y una muestra de $CO_2(g)$ difieren en sus

(1) composiciones químicas

(2) fórmulas empíricas

(3) estructuras moleculares

(4) propiedades físicas

12 ¿Cuál declaración define la temperatura de una muestra de materia?

(1) La temperatura es una medida de la energía electromagnética total de las partículas.
(2) La temperatura es una medida de la energía térmica total de las partículas.
(3) La temperatura es una medida de la energía potencial promedio de las partículas.
(4) La temperatura es una medida de la energía cinética promedio.

13 Para una reacción química, la diferencia entre energía potencial de los productos y la energía potencial de los reactantes es igual al

(1) calor de fusión
(2) calor de reacción
(3) energía de activación de la reacción directa
(4) energía de activación de la reacción inversa

14 ¿Cuál ecuación representa sublimación?

(1) $Hg(\ell) \rightarrow Hg(s)$ (3) $NH_3(g) \rightarrow NH_3(\ell)$

(2) $H_2O(s) \rightarrow H_2O(g)$ (4) $CH_4(\ell) \rightarrow CH_4(g)$

15 ¿Cuál declaración describe las partículas de un gas ideal, basado en la teoría cinética molecular?

(1) El movimiento de las partículas de gas es ordenado y circular.
(2) Las partículas de gas no tienen fuerzas de atracción entre ellas.
(3) Las partículas de gas son más grandes que las distancias que las separan.
(4) Mientras las partículas de gas chocan, la energía total del sistema disminuye.

16 Dos gramos de cloruro de potasio se disuelven completamente en una muestra de agua en un vaso de precipitado. La solución se clasifica como

(1) un elemento
(2) un compuesto
(3) una mezcla homogénea
(4) una mezcla heterogénea

17 ¿Qué compuesto tiene el enlazamiento de hidrógeno más fuerte entre sus moléculas?

(1) HBr   (3) HF
(2) HCl   (4) HI

18 El polvo de azufre es amarillo, y el polvo de hierro es gris. Cuando ambos se mezclan a 20°C, el polvo de hierro

(1) se convierte amarillo   (3) permanece iónico
(2) se convierte en líquido   (4) permanece magnético

19 Una colisión efectiva entre partículas reactantes requiere que las partículas tengan la propia

(1) carga y masa
(2) carga y orientación
(3) energía y masa
(4) energía y orientación

20 ¿Cuál término es definido como una medida del desorden de un sistema?

(1) calor   (3) energía cinética
(2) entropía   (4) energía de activación

21 ¿Qué proceso es usado para determinar la concentración de un ácido?

(1) cromatografía   (3) electrolisis
(2) destilación   (4) titulación

22 Los compuestos CH_3OCH_3 y CH_3CH_2OH tienen grupos funcionales diferentes. Por tanto, estos compuestos tienen distintas

(1) propiedades químicas
(2) masas molares
(3) composiciones porcentuales por masa
(4) número de átomos por molécula

23 ¿Qué término identifica la media reacción que ocurre en el ánodo de una celda electroquímica operativa?

(1) oxidación   (3) neutralización
(2) reducción   (4) transmutación

24 Durante la operación de una celda voltaica, la celda produce

(1) energía eléctrica espontáneamente
(2) energía química espontáneamente
(3) energía eléctrica de forma no espontanea
(4) energía química de forma no espontanea

25 ¿En qué tipo de reacción química se transfieren electrones?

(1) adición orgánica
(2) oxidación-reducción
(3) doble desplazamiento
(4) neutralización ácido-base

26 Una sustancia que se disuelve en agua y produce iones de hidronio como los únicos iones positivos en la solución se clasifica como

(1) un alcohol
(3) una base
(2) un ácido
(4) una sal

27 De acuerdo la teoría de un ácido-base, una base es un

(1) aceptor de H^+
(3) aceptor de Na^+

(2) donador de H^+
(4) donador de Na^+

28 ¿Qué compuesto es un electrolito?

(1) CCl_4
(3) $C_6H_{12}O_6$
(2) CH_3OH
(4) $Ca(OH)_2$

29 ¿Qué término identifica un tipo de reacción nuclear?

(1) fermentación
(3) reducción
(2) deposición
(4) fisión

30 ¿Qué radioisótopos tienen el mismo modo de desintegración y tienen semividas mayores que 1 hora?

(1) Au-198 y N-16
(3) I-131 y P-32
(2) Ca-37 y Fe-53
(4) Tc-99 y U-233

Parte B–1

Responda todas las preguntas en esta parte.

Direcciones (31–50): Para *cada* declaración o pregunta, registre en su hoja de respuestas separada el *número* de la palabra o expresión que, de las dadas, mejor completa la declaración o responda la pregunta. Algunas preguntas quizás requieran el uso de la *Edición del 2011 de Tablas de Referencia para Entornos Físicos/Química*.

31 El siguiente diagrama representa el espectro luminoso de cuatro elementos y el espectro luminoso producido por una mezcla de tres de esos elementos.

Espectro Luminoso

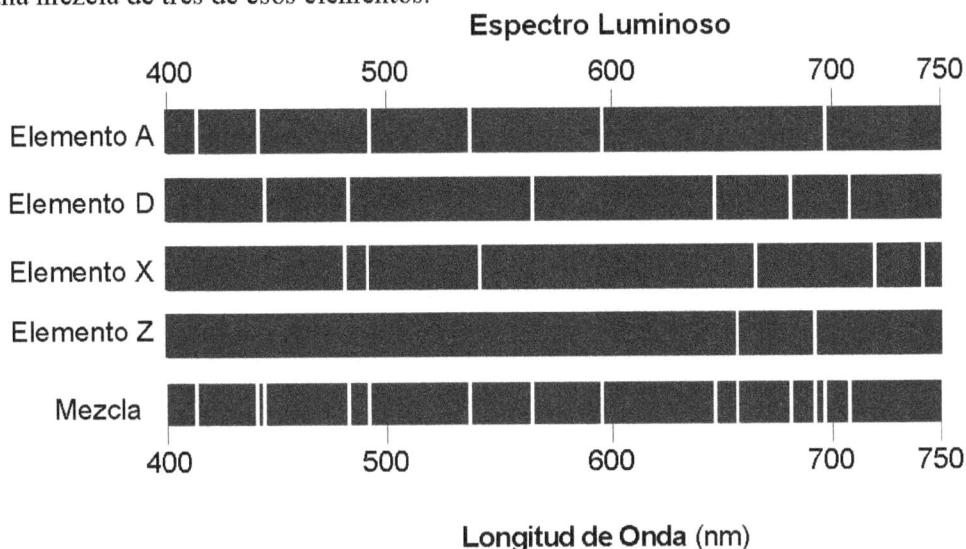

Longitud de Onda (nm)

¿Cuál elemento *no* está presente en la mezcla?

(1) *A*

(2) *D*

(3) *X*

(4) *Z*

32 ¿Cuál es la carga general de un ion que tiene 12 protones, 10 electrones, y 14 neutrones?

(1) 2-

(2) 2+

(3) 4-

(4) 4+

33 Mientras los elementos en el Período 3 se consideran en orden creciente de número atómico, hay una *disminución* general en

(1) masa atómica

(2) radio atómico

(3) electronegatividad

(4) primera energía de ionización

34 ¿Cuál configuración de electrón representa los electrones de un átomo de azufre en estado de excitación?

(1) 2-6-6

(2) 2-7-7

(3) 2-8-4

(4) 2-8-6

35 Dada la ecuación de palabra:

clorato de sodio → cloruro de sodio + oxígeno

¿Qué tipo de reacción química es representada por esta ecuación?

(1) doble desplazamiento

(2) desplazamiento simple

(3) decomposición

(4) síntesis

36 ¿Qué compuesto tiene la mayor composición porcentual por masa de estroncio?

(1) $SrCl_2$ (3) SrO

(2) SrI_2 (4) SrS

37 Dada la fórmula para la hidracina:

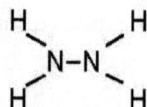

¿Cuántos pares de electrones se comparten entre dos átomos de nitrógeno?

(1) 1   (3) 3

(2) 2   (4) 4

38 ¿Cuáles fórmulas representan un compuesto iónico y un compuesto molecular?

(1) N_2 y SO_2 (3) $BaCl_2$ y N_2O_4

(2) Cl_2 y H_2S (4) $NaOH$ y $BaSO_4$

39 ¿Qué temperatura Kelvin es igual a 200°C?

(1) -73 K   (3) 200. K

(2) 73 K   (4) 473 K

40 Una muestra de 10.0-gramos de $H_2O(\ell)$ a 23.0°C absorbe 209 joules de calor. ¿Cuál es la temperatura final de la muestra de $H_2O(\ell)$?

(1) 5.0°C   (3) 28.0°C

(2) 18.0°C   (4) 50.0°C

41 Dada la ecuación representando un sistema en equilibrio:

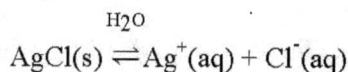

$$AgCl(s) \rightleftharpoons Ag^+(aq) + Cl^-(aq)$$

Cuando la concentración de $Cl^-(aq)$ es aumentada, la concentración de $Ag^+(aq)$

(1) disminuye, y la cantidad de $AgCl(s)$ aumenta

(2) disminuye, y la cantidad de $AgCl(s)$ disminuye

(3) aumenta, y la cantidad de $AgCl(s)$ aumenta

(4) aumenta, y la cantidad de $AgCl(s)$ disminuye

42 ¿Cuál diagrama de partículas representa una muestra de materia que *no* puede ser quebrada por medios químicos?

Clave

○ = átomo de un elemento

● = átomo de un elemento distinto

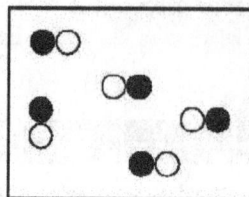 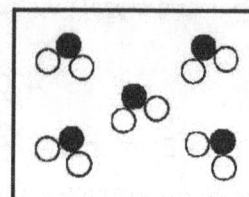

(1)   (3)

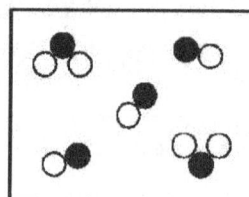 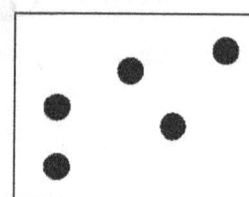

(2)   (4)

43 ¿Cuál fórmula representa un hidrocarburo insaturado?

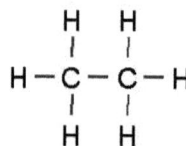 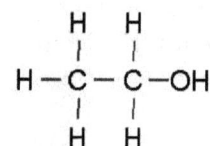

(1)   (3)

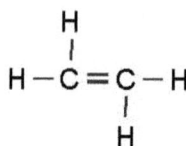 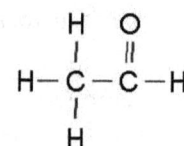

(2)   (4)

44 Cuando el pH de una solución cambia de 4 a 3, la concentración de ion de hidronio de la solución

(1) disminuye por un factor de 10
(2) aumenta por un factor de 10
(3) disminuye por un factor de 100
(4) aumenta por un factor de 100

45 Tres muestras de la misma solución son probadas, cada una con un indicador distinto. Los tres indicadores, azul de bromotimol, verde de bromocresol, y azul de timol, parecen azul si el pH de la solución es

(1) 4.7
(2) 6.0
(3) 7.8
(4) 9.9

46 Una muestra de 10.0 mililitros de NaOH(aq) es neutralizada por 400 mililitros de 0.50 M HCl. ¿Cuál es la molaridad del NaOH(aq)?

(1) 1.0 M
(2) 2.0 M
(3) 0.25 M
(4) 0.50 M

47 La radiación es emitida espontáneamente desde los núcleos de hidrógeno-3, pero *no* es emitida espontáneamente desde los núcleos de hidrógeno-1 o núcleos de hidrógeno-2. ¿Cuáles núcleos de hidrógeno son estables?

(1) solo los núcleos de H-1 y H-2
(2) solo los núcleos de H-1 y H-3
(3) solo los núcleos de H-2 y H-3
(4) los núcleos de H-1, H-2, y H-3

48 Dada la ecuación representando una reacción nuclear en la cual X representa un nucleído:

$$^{232}_{90}\text{Th} \rightarrow \,^{4}_{2}\text{He} + X$$

¿Qué nucleído es representado por X?

(1) $^{236}_{92}\text{Ra}$
(2) $^{228}_{88}\text{Ra}$
(3) $^{236}_{92}\text{U}$
(4) $^{228}_{88}\text{U}$

49 Tras desintegrarse por 48 horas, $\frac{1}{16}$ de la masa original de una muestra de un radioisótopo permanece sin alterar. ¿Cuál es la semivida de este radioisótopo?

(1) 3.0 h
(2) 9.6 h
(3) 12 h
(4) 24 h

50 ¿Cuál ecuación balanceada representa fusión nuclear?

(1) $^{2}_{1}\text{H} + \,^{2}_{1}\text{H} \rightarrow \,^{4}_{2}\text{He}$

(2) $2H_2 + O_2 \rightarrow 2H_2O$

(3) $^{6}_{3}\text{Li} + \,^{1}_{0}\text{n} \rightarrow \,^{3}_{1}\text{H} + \,^{4}_{2}\text{He}$

(4) $CaO + CO_2 \rightarrow CaCO_3$

Responda todas las preguntas en esta parte.

Direcciones (51– 65): Registre sus respuestas en los espacios previstos en su folleto de respuestas. Algunas preguntas quizás requieran el uso de la *Edición del 2011 de Tablas de Referencia para Entornos Físicos/Química.*

Base sus respuestas a las preguntas de la 51 a la 53 en la siguiente información y su conocimiento de química.

Cuando el magnesio es encendido en el aire, el magnesio reacciona con oxígeno y nitrógeno. La reacción entre magnesio y nitrógeno está representada por la siguiente ecuación desbalanceada.

$$Mg(s) + N_2(g) \rightarrow Mg_3N_2(s)$$

51 Balancee la ecuación *en su folleto de respuestas* para la reacción entre el magnesio y el nitrógeno, usando el número entero de coeficientes más pequeño. [1]

52 En estado fundamental, ¿cuál gas noble tiene átomos con la misma configuración de electrón que un ion de magnesio? [1]

53 Explique, en términos de electrones, porque un átomo del metal en esta reacción forma un ion que tiene un radio más pequeño que su átomo. [1]

Base sus respuestas a las preguntas de la 54 a la 56 en la siguiente información y su conocimiento de química.

La siguiente ecuación balanceada representa una reacción.

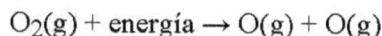

$$O_2(g) + energía \rightarrow O(g) + O(g)$$

54 Identifique el tipo de enlace químico en una molécula del reactante. [1]

55 En el espacio *en su folleto de respuestas,* dibuje un diagrama de Lewis para un átomo de oxígeno. [1]

56 Explique, en términos de enlaces, porque la energía es absorbida durante esta reacción. [1]

Base sus respuestas a las preguntas de la 57 a la 59 en la siguiente información y su conocimiento de química.

Comenzando como un sólido a 25°C, una muestra de H_2O se calienta a un ritmo constante hasta que la muestra está a 125°C. Este calentamiento ocurre a presión estándar. La siguiente gráfica representa la reacción entre la temperatura y el calor añadido a la muestra.

Curva de Calefacción para H₂O

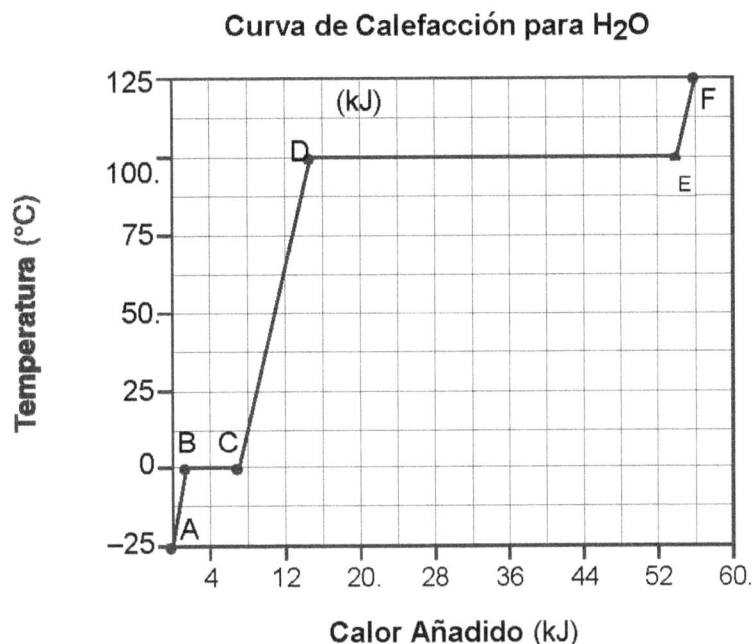

57 Describa que sucede *tanto* a la energía potencial como a la energía cinética promedio de las moléculas en la muestra de H_2O durante el intervalo AB. [1]

58 Usando la gráfica, determine la cantidad total de calor añadido a la muestra durante el intervalo CD. [1]

59 Explique, en términos de calor de fusión y calor de vaporización, porque el calor añadido durante el intervalo DE es mayor que el calor añadido durante el intervalo BC para esta muestra de agua. [1]

Base sus respuestas a las preguntas de la 60 a la 62 en la siguiente información y su conocimiento de química.

El cilindro A tiene un pistón movible y contiene gas de hidrógeno. Un cilindro idéntico B, contiene gas de metano. El siguiente diagrama representa estos cilindros y las condiciones de presión, volumen y temperatura del gas en cada cilindro.

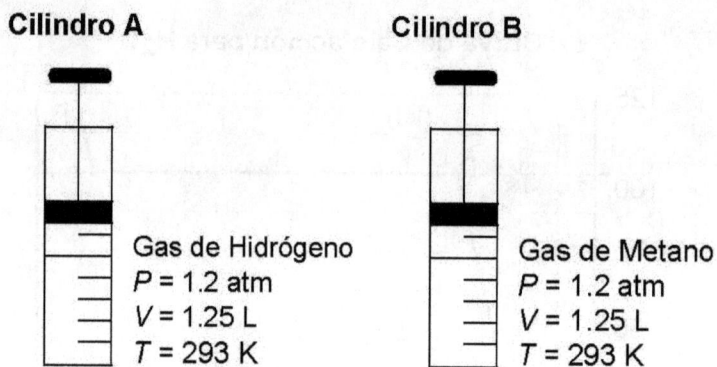

Cilindro A　　　　　　**Cilindro B**

Gas de Hidrógeno　　　　　Gas de Metano
P = 1.2 atm　　　　　　　P = 1.2 atm
V = 1.25 L　　　　　　　V = 1.25 L
T = 293 K　　　　　　　 T = 293 K

60　Compare el número total de moléculas de gas en el cilindro A con el número total de moléculas de gas en el cilindro B. [1]

61　Exponga un cambio de temperatura y un cambio de presión que cause que el gas en el cilindro A se comporte más como un gas ideal. [1]

62　En el espacio *en su folleto de respuestas*, muestre un escenario numérico para el cálculo del volumen del gas en el cilindro B en STP. [1]

Base sus respuestas a las preguntas de la 63 a la 65 en la siguiente información y su conocimiento de química.

Hay varios isómeros de C_6H_{14}. En la siguiente tabla se dan las fórmulas y los puntos de ebullición para dos de estos isómeros.

Isómero	Fórmula	Punto de Ebullición a 1 atm (°C)
1	H—C—C—C—C—C—C—H (cadena lineal con H)	68.7
2	estructura ramificada	49.7

63 Identifique la serie homologa a la que pertenecen estos isómeros. [1]

64 Escriba la fórmula empírica para el isómero 1. [1]

65 Explique, en términos de fuerzas intermoleculares, porque el isómero 2 hierve a una temperatura inferior que el isómero 1. [1]

Parte C

Responda todas las preguntas en esta parte.

Direcciones (66– 85): Registre sus respuestas en los espacios previstos en su folleto de respuestas. Algunas preguntas quizás requieran el uso de la *Edición del 2011 de Tablas de Referencia para Escenarios Físicos/Química.*

Base sus respuestas a las preguntas de la 66 a la 69 en la siguiente información y su conocimiento de química.

Antes que los números atómicos fueran conocidos, Mendeleev desarrollo un sistema de clasificación para los 63 elementos conocidos en 1872, usando fórmulas de óxido y masas atómicas. El usó una R en las fórmulas de óxido para representar cualquier elemento en cada grupo. La masa atómica fue anotada en paréntesis tras el símbolo de cada elemento. En la siguiente tabla se muestra una versión modificada del sistema de clasificación de Mendeleev.

Versión Modificada de la Tabla de Mendeleev

Grupo →	I	II	III	IV	V	VI	VII
Fórmulas de óxido	R_2O	RO	R_2O_3	RO_2	R_2O_5	RO_3	R_2O_7
1	H(1)						
2	Li(7)	Be(9.4)	B(11)	C(12)	N(14)	O(16)	F(19)
3	Na(23)	Mg(24)	Al(27.3)	Si(28)	P(31)	S(32)	Cl(35.5)
4	K(39)	Ca(40)		Ti(48)	V(51)	Cr(52)	Mn(55)
5	Cu(63)	Zn(65)			As(75)	Se(78)	Br(80)
6	Rb(85)	Sr(87)	Yt(88)	Zr(90)	Nb(94)	Mo(96)	
7	Ag(108)	Cd(112)	In(113)	Sn(118)	Sb(122)	Te(125)	I(127)
8	Cs(133)	Ba(137)	Di(138)	Ce(140)			

(Series label on left side)

66 Identifique *una* característica usada por Mendeleev para desarrollar su sistema de clasificación de los elementos. [1]

67 Basado en la fórmula de óxido de Mendeleev, ¿cuál es el número de electrones perdidos por cada átomo de los elementos en el Grupo III? [1]

68 Basado en la Tabla *J*, identifique el metal *menos* activo listado en el Grupo I en la tabla de Mendeleev. [1]

69 Explique, en términos de reactividad química, porque los elementos en el Grupo 18 de la Tabla Periódica moderna *no* fueron identificados por Mendeleev en ese tiempo. [1]

Base sus respuestas a las preguntas de la 70 a la 73 en la siguiente información y su conocimiento de química.

En un aparato de laboratorio, una muestra de óxido de plomo(II) reacciona con gas de hidrógeno a altas temperaturas. Los productos de esta reacción son plomo líquido y vapor de agua. Mientras la reacción sigue, el vapor de agua y el exceso de gas de hidrógeno dejan el tubo de vidrio. El siguiente diagrama y ecuación balanceada representan esta reacción.

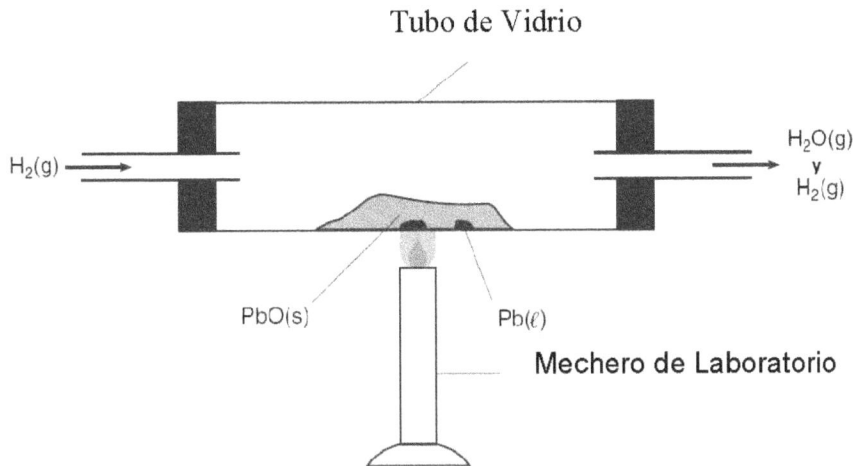

Tubo de Vidrio

$H_2(g) \longrightarrow$

$H_2O(g)$
y
$H_2(g)$

PbO(s)   Pb(ℓ)

Mechero de Laboratorio

$$PbO(s) + H_2(g) + calor \longrightarrow Pb(\ell) + H_2O(g)$$

70 Determine el cambio en el número de oxidación para el hidrógeno que reacciona. [1]

71 Escriba una ecuación balanceada de semirreacción para la reducción de los iones Pb^{2+} en esta reacción. [1]

72 Explique porque la reacción que ocurre en este tubo de vidrio *no* puede alcanzar equilibrio. [1]

73 Exponga *un* cambio en las condiciones de reacción, diferente a añadir un catalizador, que causaría que la velocidad de esta reacción aumente. [1]

Base sus respuestas a las preguntas de la 74 a la 77 en la siguiente información y su conocimiento de química.

A finales del siglo 19, el proceso Hall-Herroult fue inventado como una forma económica de producir aluminio. En este proceso, el $Al_2O_3(\ell)$ extraído de la bauxita se disuelve en $Na_3AlF_6(\ell)$ en un tanque de grafito revestido, como se muestra en el siguiente diagrama. Los productos son dióxido de carbono y metal de aluminio fundido.

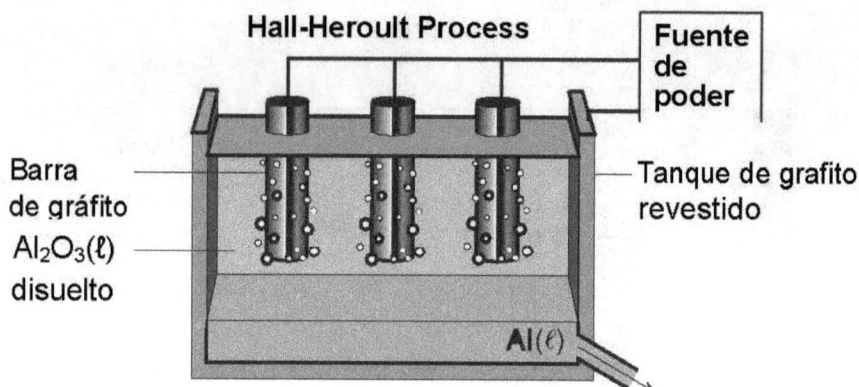

Hall-Heroult Process

Fuente de poder

Barra de gráfito

$Al_2O_3(\ell)$ disuelto

Tanque de grafito revestido

$Al(\ell)$

74 Compare las propiedades químicas de una muestra de 300 kilogramos de $Al_2O_3(\ell)$ con las propiedades químicas de una muestra de 600 kilogramos de $Al_2O_3(\ell)$. [1]

75 Escriba el nombre químico para el compuesto líquido disuelto en el $Na_3AlF_6(\ell)$. [1]

76 ¿Cuál es el punto de fusión de la sustancia que se forma en el fondo del tanque? [1]

77 Compare la densidad del $Al(\ell)$ con la densidad de la mezcla de $Al_2O_3(\ell)$ y $Na_3AlF_6(\ell)$. [1]

Base sus respuestas a las preguntas de la 78 a la 80 en la siguiente información y su conocimiento de química.

Un proceso usado para fabricar ácido sulfúrico se llama el proceso de contacto. Un paso en este proceso, la reacción entre dióxido de azufre y oxígeno, es representado por la siguiente reacción directa en el sistema en equilibrio.

$$2SO_2(g) + O_2(g) \rightleftharpoons 2SO_3(g) + 394 \text{ kJ}$$

Una mezcla de platino y óxido de vanadio(V) puede ser usada como un catalizador para esta reacción. El trióxido de azufre producido es usado posteriormente para hacer ácido sulfúrico.

78 Determine la cantidad de energía liberada cuando 1.00 mol de trióxido de azufre es producido. [1]

79 Escriba la fórmula química para el óxido de vanadio(V). [1]

80 En el eje etiquetado *en su folleto de respuestas*, complete el diagrama de energía potencial para la reacción directa representado por esta reacción. [1]

Base sus respuestas a las preguntas 81 y 82 en la siguiente información y su conocimiento de química.

Dos compuestos muy estables, Freón-12 y Freón-14, son usados como refrigerantes líquidos. Una molécula de Freón-12 consiste en un átomo de carbono, dos átomos de cloro y dos átomos de flúor. Una molécula de Freón-14 consiste en un átomo de carbono y cuatro átomos de flúor.

81 En el espacio *en su folleto de respuestas,* dibuje una fórmula estructural para el Freón-12. [1]

82 ¿A qué clase de compuestos orgánicos pertenecen el Freón-12 y el Freón-14? [1]

Base sus respuestas a las preguntas de la 83 a la 85 en la siguiente información y su conocimiento de química.

Conceptos químicos son aplicados en la fabricación de dulces. Una receta para hacer paletas se muestra abajo.

Receta de Paletas Dulces

Ingredientes:

414 gramos de azúcar
177 gramos de agua
158 mililitros de jarabe de maíz ligero

Paso 1: En una olla, mezcle el azúcar y el agua. Caliente esta mezcla, mientras revuelve, hasta que toda la azúcar se disuelve.

Paso 2: Añada el jarabe de maíz y caliente la mezcla hasta hervir.

Paso 3: Continúe hirviendo la mezcla hasta que la temperatura alcance 143°C a presión estándar.

Paso 4: Remueva la olla del calor y déjela hasta que se detenga el burbujeo. Vierta la mezcla en moldes de paletas que hayan sido cubiertos con aceite de cocina.

83 Explique, en términos de polaridad de moléculas de azúcar, porque el azúcar se disuelve en agua. [1]

84 Determine la concentración, expresada como un porcentaje por masa, de la azúcar disuelta en la mezcla producida en el paso 1. [1]

85 Explique, en términos de concentración de moléculas de azúcar, porque el punto de ebullición de la mezcla en el paso 3 aumenta mientras el agua se evapora de la mezcla. [1]

La Universidad del Estado de Nueva York

EVALUACIÓN DE SECUNDARIA NIVEL REGENTS

ENTORNO FÍSICO
QUÍMICA

Miércoles, 29 de Enero, 2014 — solo de 1:15 a 4:15 p.m.

La posesión o uso de cualquier dispositivo de comunicación está estrictamente prohibida mientras realice esta evaluación. Si usted tiene o utiliza cualquier dispositivo de comunicación, sin importar cuan corto sea su uso, su evaluación será invalidada y ninguna puntuación le será calculada.

Esta es una prueba de su conocimiento de química. Utilice ese conocimiento para responder todas las preguntas en esta evaluación. Algunas preguntas quizás requieran el uso de la *Edición del 2011 de Tablas de Referencia para Entornos Físicos/Química*. Usted responderá todas las preguntas en todas las partes de esta evaluación de acuerdo a las directrices previstas en este folleto evaluativo.

Una hoja de respuestas separada para la Parte A y para la Parte B-1 se le ha otorgado a usted. Siga las instrucciones del coordinador para completar la información del estudiante en su hoja de respuestas. Registre sus respuestas a las preguntas de opción múltiple de la Parte A y la Parte B-1 en esta hoja de respuestas separada. Registre sus respuestas a las preguntas de la Parte B-2 y la Parte C en su folleto de respuestas separado. Asegúrese de llenar el encabezado en el frente de su folleto de respuestas.

Todas las respuestas en su folleto de respuestas deben ser escritas en bolígrafo, excepto por los gráficos y los dibujos, los cuales deben ser hechos en lápiz. Usted puede usar trozos de papel para resolver las respuestas a las preguntas, pero Asegúrese de registrar todas sus preguntas en su hoja de respuestas separada o en su folleto de respuestas como se le dijo.

Cuando usted haya finalizado la evaluación, usted debe firmar la declaración impresa en su hoja de respuestas separada, indicando que usted no tuvo conocimiento ilegal de las preguntas o respuestas previo a la evaluación y que usted no dio ni recibió asistencia respondiendo las preguntas durante la evaluación. Su hoja de respuestas y folleto de respuestas no podrán ser aceptados si usted no firma esta declaración.

Nótese. . .

Una calculadora científica o de cuatro funciones y una copia de *Edición del 2011 de Tablas de Referencia para Entornos Físicos/Química* deben estar disponible para el uso mientras realiza el evaluativo.

NO ABRA ESTE FOLLETO EVALUATIVO HASTA QUE SEA DADA LA SEÑAL

Parte A

Responda todas las preguntas en esta parte.

Direcciones (1–30): Para *cada* declaración o pregunta, registre en su hoja de respuestas separada el *número* de la palabra o expresión que, de las dadas, mejor completa la declaración o responda la pregunta. Algunas preguntas quizás requieran el uso de la *Edición del 2011 de Tablas de Referencia para Entornos Físicos/Química*.

1 ¿Cuál es la masa aproximada de un protón?
  (1) 1 u   (3) 1 g
  (2) 0.0005 u   (4) 0.0005 g

2 Un electrón en un átomo de sodio gana energía suficiente para moverse de la segunda capa a la tercera. El átomo de sodio se convierte
  (1) un ion positivo
  (2) un ion negativo
  (3) un átomo en estado de excitación
  (4) un átomo en estado fundamental

3 ¿Qué partícula *no* tiene cargas?
  (1) electrón   (3) positrón
  (2) neutrón   (4) protón

4 ¿Qué cantidad representa el número de protones en un átomo?
  (1) número atómico
  (2) número de oxidación
  (3) número de neutrones
  (4) número de valencia de electrones

5 El elemento azufre es clasificado como un
  (1) metal   (3) no metal
  (2) metaloide   (4) gas noble

6 Los elementos del Grupo 2 tienen propiedades químicas similares porque cada átomo de esos elementos tiene el mismo
  (1) número atómico
  (2) número de masa
  (3) número de capa de electrones
  (4) número de valencia de electrones

7 ¿Que se forma cuando dos átomos de bromo se enlazan juntos?
  (1) una molécula monoatómica
  (2) una molécula diatómica
  (3) una mezcla heterogénea
  (4) una mezcla homogénea

8 El oro puede ser aplanado en una lámina muy fina. La maleabilidad del oro se debe al
  (1) modo de desintegración radioactiva del isotopo Au-198
  (2) el radio protón-neutrón en un átomo de oro
  (3) la naturaleza de los enlaces entre átomos de oro
  (4) la reactividad de los átomos de oro

9 ¿Qué término representa la atracción que tiene un átomo con otro átomo por los electrones en un enlace?
  (1) electronegatividad
  (2) conductividad eléctrica
  (3) primera energía de ionización
  (4) energía mecánica

10 El agua de sal es clasificada como un
  (1) compuesto porque la proporción de sus átomos es fija
  (2) compuesto porque la proporción de sus átomos puede variar
  (3) mezcla porque la proporción de sus átomos es fija
  (4) mezcla porque la proporción de sus átomos puede variar

11 ¿Qué sustancia *no* puede ser quebrada por un cambio químico?
  (1) amoníaco   (3) etano
  (2) arsénico   (4) propanal

12 En la siguiente tabla se muestran algunas propiedades físicas de dos muestras de yodo-127 a dos temperaturas diferentes.

Propiedades Físicas Seleccionadas de las muestras de Yodo-127 a 1 atm

Muestra	Temperatura de la Muestra (K)	Descripción	Densidad (g/cm^3)
1	298	cristales grises oscuro	4.933
2	525	gas morado oscuro	0.006

Estas dos muestras son dos diferentes

(1) mezclas

(2) sustancias

(3) estados de la materia

(4) isótopos de yodo

13 El polvo de hierro es magnético, mientras que el polvo de azufre *no lo es*. ¿Qué ocurre cuando ellos forman una mezcla en un vaso de precipitado a temperatura ambiente?

(1) El hierro mantiene sus propiedades magnéticas.

(2) El hierro pierde sus propiedades metálicas.

(3) El azufre gana propiedades magnéticas.

(4) El azufre gana propiedades metálicas.

14 ¿Qué propiedad es una medida de la energía cinética promedio de las partículas en una muestra de materia?

(1) masa

(2) densidad

(3) presión

(4) temperatura

15 De acuerdo a la teoría molecular cinética, ¿cuál declaración describe las partículas de un gas ideal?

(1) Las partículas gaseosas se ordenan en un patrón regular.

(2) La fuerza de atracción entre las partículas gaseosas es poderosa.

(3) Las partículas gaseosas son esferas duras en movimiento circular continuo.

(4) El choque de las partículas puede resultar en la transferencia de energía.

16 La concentración de una solución puede ser expresada en

(1) mililitros por minuto

(2) partes por millón

(3) gramos por kelvin

(4) joules por gramo

17 Dos átomos de hidrógeno forman una molécula de hidrógeno cuando

(1) un átomo pierde una valencia de electrón con el otro átomo

(2) un átomo comparte cuatro electrones con el otro átomo

(3) los dos átomos chocan y ambos ganan energía

(4) los dos átomos chocan con suficiente energía para formar un enlace

18 ¿Qué tipo de fórmula representa el número entero de radio de átomos más simple de los átomos en un compuesto?

(1) fórmula molecular

(2) fórmula condensada

(3) fórmula empírica

(4) fórmula estructural

19 Los coeficientes en una ecuación química balanceada representan

(1) las proporciones de masa de las sustancias en una reacción

(2) las proporciones mol de las sustancias en una reacción

(3) el número total de electrones en una reacción

(4) el número total de elementos en una reacción

20 Los sistemas en la naturaleza tienden a atravesar cambios hacia

(1) energía más baja y entropía más alta

(2) energías y entropías más bajas

(3) energías y entropías más altas

(4) energía más alta y entropía más baja

21 ¿Qué fórmula representa un compuesto orgánico?

    (1) CaH_2 (3) H_2O_2

    (2) C_4H_8 (4) P_2O_5

22 ¿Qué clase de compuesto orgánico contiene nitrógeno?

    (1) aldehído   (3) amina

    (2) alcohol   (4) éter

23 ¿Qué término identifica un tipo de reacción orgánica?

    (1) deposición   (3) esterificación

    (2) destilación   (4) sublimación

24 ¿Qué compuesto se clasifica como un hidrocarburo?

    (1) butanal   (3) 2-butanol

    (2) butino   (4) 2-butanona

25 En una reacción de oxidación-reducción, el número de electrones perdidos es

    (1) igual al número de electrones ganados

    (2) igual al número de protones ganados

    (3) menor que el número de electrones ganados

    (4) menor que el número de protones ganados

26 ¿Qué sustancia es un electrolito?

    (1) $C_6H_{12}O_6(s)$ (3) $NaOH(s)$

    (2) $C_2H_5OH(\ell)$ (4) $H_2(g)$

27 ¿Cuál conversión de energía debe de ocurrir en una celda electrolítica operativa?

    (1) de energía eléctrica a energía química

    (2) de energía eléctrica a energía nuclear

    (3) de energía química a energía eléctrica

    (4) de energía química a energía eléctrica

28 ¿Qué compuesto cede iones de H^+ como los únicos iones positivos en una solución acuosa?

    (1) KOH (3) CH_3OH

    (2) $NaOH$ (4) CH_3COOH

29 ¿Cuál declaración describe las masas relativas de dos partículas diferentes?

    (1) Un neutrón tiene menos masa que un positrón.

    (2) Una partícula beta tiene menos masa que un neutrón.

    (3) Una partícula alfa tiene menos masa que un positrón.

    (4) Una partícula alfa tiene menos masa que una partícula beta.

30 ¿Cuál término representa un tipo de reacción nuclear?

    (1) condensación

    (2) vaporización

    (3) desplazamiento simple

    (4) transmutación natural

Parte B–1

Responda todas las preguntas en esta parte.

Direcciones (31–50): Para *cada* declaración o pregunta, registre en su hoja de respuestas separada el *número* de la palabra o expresión que, de las dadas, mejor completa la declaración o responda la pregunta. Algunas preguntas quizás requieran el uso de la *Edición del 2011 de Tablas de Referencia para Entornos Físicos/Química.*

31 ¿Que ion tiene el radio *más pequeño*?

(1) O^{2-} (3) Se^{2-}

(2) S^{2-} (4) Te^{2-}

32 Cantidades iguales de etanol y agua son mezcladas a temperatura ambiente y a 101.3 kPa. ¿Qué proceso es usado para separar el etanol de la mezcla?

(1) destilación   (3) filtración

(2) reducción   (4) ionización

33 Una muestra de una sustancia tiene estas características:

- punto de fusión de 984 K
- sólido áspero y frágil a temperatura ambiente
- como sólido, es un mal conductor de calor y electricidad
- sea líquido o en una solución acuosa, es un buen conductor de electricidad

La muestra se clasifica como

(1) un elemento metálico
(2) un elemento radioactivo
(3) un compuesto molecular
(4) un compuesto iónico

34 Dada la ecuación balanceada representado una reacción:

$$N_2 + energía \rightarrow N + N$$

¿Cuál declaración describe esta reacción?

(1) Los enlaces se quiebran, y la reacción es endotérmica.
(2) Los enlaces se quiebran, y la reacción es exotérmica.
(3) Los enlaces se forman, y la reacción es endotérmica.
(4) Los enlaces se forman, y la reacción es exotérmica.

35 Cuando el litio reacciona con el bromo para formar el compuesto LiBr, cada átomo de litio

(1) gana un electrón y se convierte un ion cargado negativamente
(2) gana tres electrones y se convierte en un ion cargado negativamente.
(3) pierde un electrón y se convierte en un ion cargado positivamente
(4) pierde tres electrones y se convierte en un ion cargado positivamente

36 Un vaso de precipitado con agua y el aire adyacente está a 24°C. Después de que son puestos cubos de hielo en el agua, el calor es transferido desde

(1) los cubos de hielo al aire
(2) el vaso de precipitado al aire
(3) el agua a los cubos de hielo
(4) el agua al vaso de precipitado

37 Una muestra de cloro gaseoso está a 300. K y a 1.00 atmósfera. ¿A qué temperatura y presión la muestra se comportaría más como un gas ideal?

(1) 0 K y 1.00 atm
(2) 150. K y 0.50 atm
(3) 273 K y 1.00 atm
(4) 600. K y 0.50 atm

38 Cunado una muestra de gas se calienta en un contenedor rígido y sellado de 200. K to 400. K, la presión ejercida por el gas es

(1) disminuida por un factor de 2
(2) incrementada por un factor de 2
(3) disminuida por un factor de 200.
(4) incrementada por un factor de 200.

39 En el siguiente diagrama se muestra el espectro luminoso producido por cuatro elementos.

Espectro luminoso de Cuatro Elementos

Longitud de la Onda (nm)

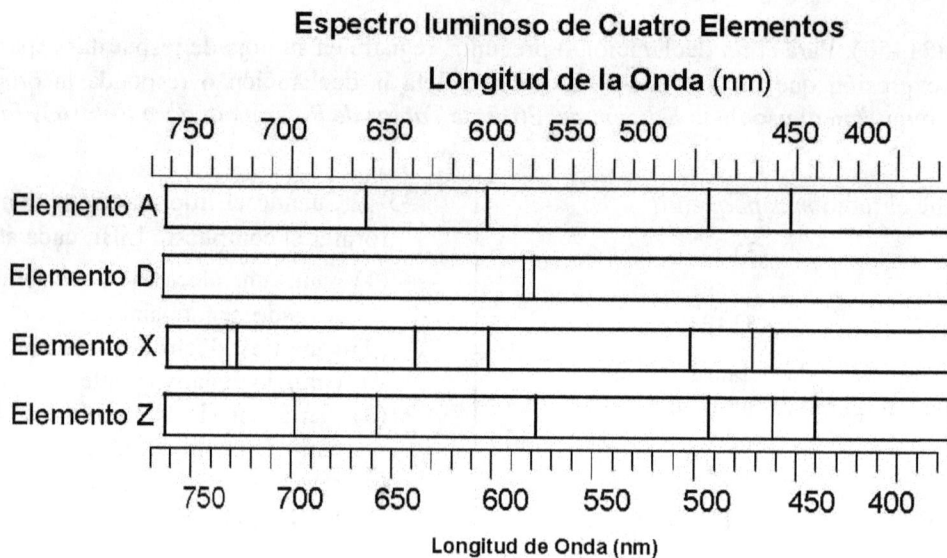

Dado el espectro luminoso de una mezcla formada por dos de esos elementos:

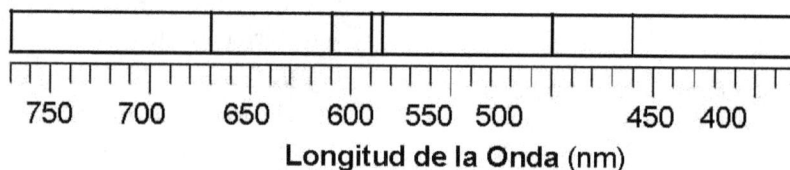

Longitud de la Onda (nm)

¿Qué elementos están presentes en la mezcla?

(1) A y D

(2) A y X

(3) Z y D

(4) Z y X

40 La siguiente gráfica representa la relación entre el tiempo y la temperatura mientras se añade calor a una muestra de una sustancia a un ritmo constante.

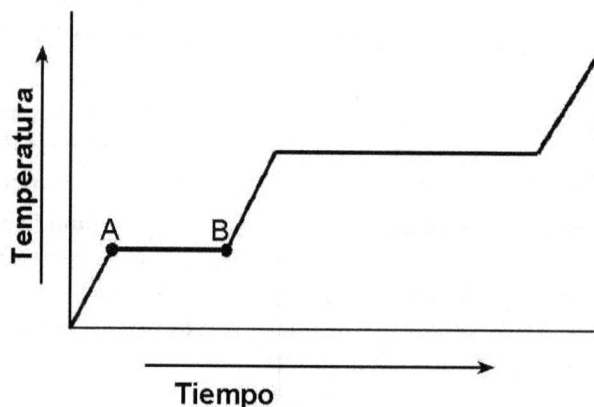

Durante el intervalo AB, ¿qué cambio de energía ocurre para las partículas de esta muestra?

(1) La energía potencial de las partículas aumenta.

(2) La energía potencial de las partículas disminuye.

(3) La energía cinética promedio de las partículas aumenta.

(4) La energía cinética promedio de las partículas disminuye.

41 Dado el diagrama de energía potencial para una reacción química reversible:

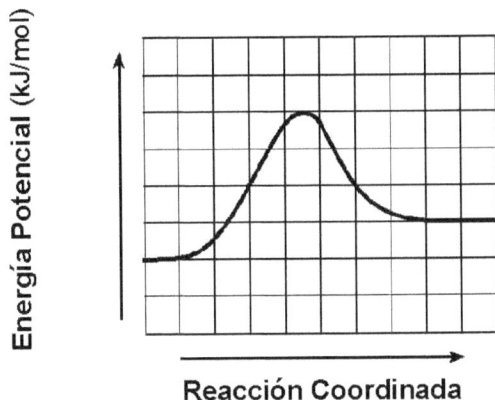

Cada intervalo en el axis de nombre "Energía Potencial" (kJ/mol)" representa 10. kilojoules por mol. ¿Cuál es la energía de activación de la reacción directa?

(1) 10. kJ/mol   (3) 40. kJ/mol

(2) 30. kJ/mol   (4) 60. kJ/mol

42 ¿Qué fórmula estructural condensada representa un compuesto insaturado?

(1) $CH_3CHCHCH_3$ (3) CH_3CH_3

(2) $CH_3CH_2CH_3$ (4) CH_4

43 ¿Qué elemento reacciona espontáneamente con 1.0 M HCl(aq) a temperatura ambiente?

(1) cobre   (3) plata

(2) oro   (4) zinc

44 Dada la ecuación iónica balanceada:

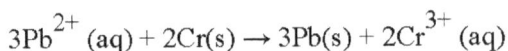

$$3Pb^{2+}(aq) + 2Cr(s) \rightarrow 3Pb(s) + 2Cr^{3+}(aq)$$

¿Cuál es el número de moles de electrones ganados por 3.0 moles de iones de plomo?

(1) 5.0 mol   (3) 3.0 mol

(2) 2.0 mol   (4) 6.0 mol

45 ¿Cuál es la cantidad de energía calorífica liberada cuando 50.0 gramos de agua son enfriados de 20.0°C a 10.0°C?

(1) 5.00×10^2 J   (3) 1.67×10^5 J

(2) 2.09×10^3 J   (4) 1.13×10^6 J

46 ¿Qué le sucede a uno de los electrodos en tanto una celda electrolítica y una celda voltaica?

(1) Se da la oxidación mientras se ganan electrones en el cátodo.

(2) Se da la oxidación mientras se pierden electrones en el ánodo.

(3) Se da la reducción mientras se ganan electrones en el ánodo.

(4) Se da la reducción mientras se pierden electrones en el cátodo.

47 Dada la ecuación balanceada representando una reacción:

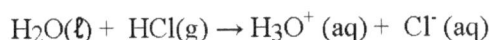

$$H_2O(\ell) + HCl(g) \rightarrow H_3O^+(aq) + Cl^-(aq)$$

De acuerdo a la teoría de ácido-base, las moléculas de $H_2O(\ell)$

(1) aceptan iones de H^+ (3) donan iones de H^+

(2) aceptan iones de OH^- (4) donan iones de OH^-

48 Cuando un átomo del isotopo inestable Na-24 se desintegra, se convierte en un átomo de Mg-24 porque el átomo de Na-24 libera espontáneamente

(1) una partícula alfa   (3) un neutrón

(2) una partícula beta   (4) un positrón

49 ¿Qué ecuación balanceada representa fusión nuclear?

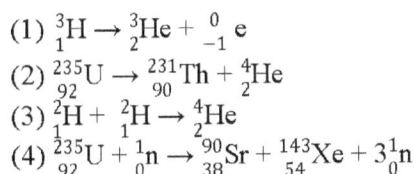

(1) $^3_1H \rightarrow {}^3_2He + {}^0_{-1}e$

(2) $^{235}_{92}U \rightarrow {}^{231}_{90}Th + {}^4_2He$

(3) $^2_1H + {}^2_1H \rightarrow {}^4_2He$

(4) $^{235}_{92}U + {}^1_0n \rightarrow {}^{90}_{38}Sr + {}^{143}_{54}Xe + 3{}^1_0n$

50 ¿Qué reacción libera la cantidad más grande de energía por kilogramo de reactante?

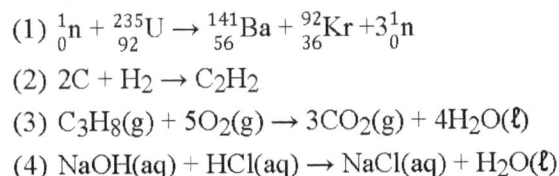

(1) $^1_0n + {}^{235}_{92}U \rightarrow {}^{141}_{56}Ba + {}^{92}_{36}Kr + 3{}^1_0n$

(2) $2C + H_2 \rightarrow C_2H_2$

(3) $C_3H_8(g) + 5O_2(g) \rightarrow 3CO_2(g) + 4H_2O(\ell)$

(4) $NaOH(aq) + HCl(aq) \rightarrow NaCl(aq) + H_2O(\ell)$

Parte B–2

Responda todas las preguntas en esta parte.

Direcciones (51– 65): Registre sus respuestas en los espacios previstos en su folleto de respuestas. Algunas preguntas quizás requieran el uso de la *Edición del 2011 de Tablas de Referencia para Entornos Físicos/Química*.

Base sus respuestas a las preguntas de la 51 a la 54 en la siguiente información y su conocimiento de química.

El siguiente diagrama representa tres elementos en el Grupo 13 y tres elementos en el Período 3 y sus posiciones relativas en la Tabla Periódica.

Al	Si	P
Ga		
In		

Algunos elementos en fase sólida existen en formas diferentes que varían en sus propiedades físicas. Por ejemplo, a temperatura ambiente, el fosforo rojo tiene una densidad de 2.16 g/cm^3 y el fosforo blanco tiene una densidad de 1.823 g/cm^3.

51 Identifique el elemento del diagrama que reaccione con el cloro para formar un compuesto con la fórmula general XCl_4. [1]

52 Considere los elementos del Período 3 en el diagrama en orden creciente de número atómico. Exponga la tendencia en la electronegatividad para esos elementos. [1]

53 Compare el número de átomos por centímetro cubico en el fosforo rojo con el número de átomos por centímetro cubico en el fosforo blanco. [1]

54 Identifique *un* elemento del diagrama que se combine con el fosforo en la misma proporción de átomos como en la proporción del fosfuro de aluminio. [1]

Base sus respuestas a las preguntas de la 55 a la 57 en la siguiente información y su conocimiento de química.

Los compuestos KNO_3 y $NaNO_3$ son solubles en agua.

55 Compare la entropía de 30. gramos de sólido KNO_3 a 20°C con la entropía de 30. gramos de KNO_3 disueltos en 100. gramos de agua a 20°C. [1]

56 Explique porque la energía térmica total de una muestra que contiene 22.2 gramos de $NaNO_3$ disueltos en 200. gramos de agua a 20°C es mayor que la energía térmica total de una muestra que contiene 11.1 gramos de $NaNO_3$ disueltos en 100. gramos de agua a 20°C. [1]

57 Compare el punto de ebullición de una solución de $NaNO_3$ a presión estándar con el punto de ebullición del agua a presión estándar. [1]

Base sus respuestas a las preguntas de la 58 a la 61 en la siguiente información y su conocimiento de química.

El eteno y el hidrógeno pueden reaccionar a un velocidad mayor en presencia del catalizador platino. La siguiente ecuación representa una reacción entre el eteno y el hidrógeno.

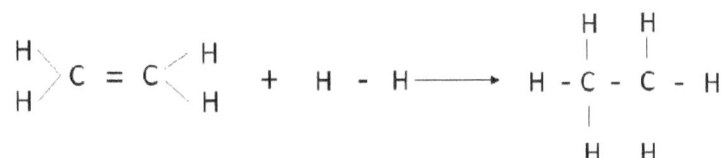

58 Determine la masa molar del producto. [1]

59 Afirme el número de electrones compartidos entre los átomos de carbono en una molécula del reactante eteno. [1]

60 Explique, en términos de energía de activación, porque la reacción catalizada ocurre a una mayor velocidad. [1]

61 Explique porque la reacción es clasificada como una reacción de adición. [1]

Base sus respuestas a las preguntas 62 y 63 en la siguiente información y su conocimiento de química.

En una titulación, 50.0 mililitros de 0.026 M HCl(aq) son neutralizados por 38.5 mililitros de KOH(aq).

62 En el espacio *en su folleto de respuestas*, muestre un escenario numérico para el cálculo de la molaridad del KOH(aq). [1]

63 Complete la ecuación *en su folleto de respuestas* para la neutralización escribiendo la fórmula del producto faltante. [1]

Base sus respuestas a las preguntas 64 y 65 en la siguiente información y su conocimiento de química.

El azúcar de mesa, la sacarosa, es una combinación de azucares simples, la glucosa y la fructosa. Las siguientes fórmulas representan estas azucares simples.

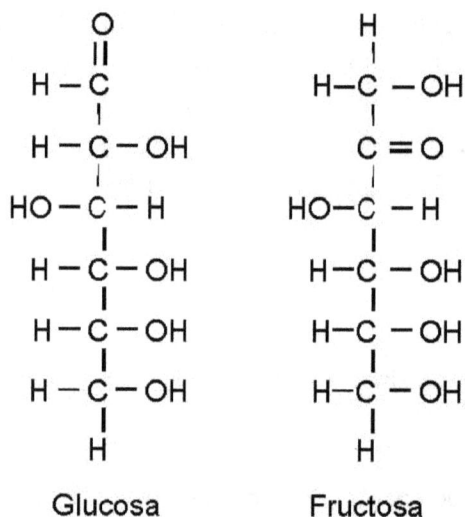

Glucosa   Fructosa

64 Identifique el grupo funcional que aparece más de una vez en la molécula de fructosa. [1]

65 Explique, en términos de átomos y estructura molecular, porque la glucosa y la fructosa son isómeros el uno al otro. [1]

Parte C

Responda todas las preguntas en esta parte.

Direcciones (66– 85): Registre sus respuestas en los espacios previstos en su folleto de respuestas. Algunas preguntas quizás requieran el uso de la *Edición del 2011 de Tablas de Referencia para Escenarios Físicos/Química.*

Base sus respuestas a las preguntas de la 66 a la 70 en la siguiente información y su conocimiento de química.

El polvo de hornear, $NaHCO_3$, puede ser producido comercialmente durante una serie de reacciones químicas llamada el proceso de Solvay. En este proceso, el $NH_3(aq)$, el $NaCl(aq)$, y otros químicos son usados para producir $NaHCO_3(s)$ y $NH_4Cl(aq)$.

Para reducir costos de producción, el $NH_3(aq)$ se recupera del $NH_4Cl(aq)$ a través de diferentes series de reacciones. Esta serie de reacciones puede ser resumida por la reacción general representada en la siguiente ecuación desbalanceada.

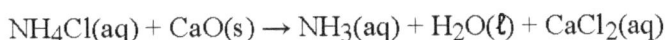

$$NH_4Cl(aq) + CaO(s) \rightarrow NH_3(aq) + H_2O(\ell) + CaCl_2(aq)$$

66 Escriba un nombre químico para el polvo de hornear. [1]

67 Determine el porcentaje de composición por masa del carbono en el polvo de hornear (masa fórmula gramo = 84 gramos por mol). [1]

68 Declare el color del verde de bromocresol en una muestra de $NH_3(aq)$. [1]

69 Determine la masa de NH_4Cl que debe ser disuelta en 100. gramos de H_2O para producir una solución saturada a 70°C. [1]

70 Balancee la ecuación *en su folleto de respuestas* para la reacción general utilizada para recuperar $NH_3(aq)$, usando el número entero de coeficientes más pequeño. [1]

Base sus respuestas a las preguntas de la 71 a la 75 en la siguiente información y su conocimiento de química.

El alcohol isopropilico es un producto disponible en la mayoría de las farmacias y supermercados. Una solución de alcohol isopropilico contiene 2-propanol y agua. El punto de ebullición del 2-propanol es 82.3°C a presión estándar.

71 Explique, en términos de diferencias de electronegatividad, porque un enlace C-O es más polar que un enlace C-H. [1]

72 Identifique una fuerza de atracción intermolecular poderosa entre una molécula de alcohol y una molécula de agua en la solución. [1]

73 Determine la presión de vapor de agua a una temperatura igual al punto de ebullición del 2-propanol. [1]

74 Explique, en términos de distribución de cargas, porque una molécula del 2-propanol es una molécula polar. [1]

75 En el *espacio en su folleto de respuestas*, dibuje la fórmula estructural para el 2-propanol. [1]

Base sus respuestas a las preguntas 76 y 77 en la siguiente información y su conocimiento de química.

Los utensilios recubiertos con plata fueron populares antes de que el acero inoxidable fuera ampliamente usado para hacer utensilios de comida. La plata se empaña cuando entra en contacto con el sulfuro de hidrógeno, H_2S, el cual se encuentra en el aire y en algunas comidas. Sin embargo, el acero inoxidable *no* se empaña cuando entra en contacto con el sulfuro de hidrógeno.

76 En el espacio *en su folleto de respuestas*, dibuje un diagrama de Lewis para el compuesto que empaña la plata. [1]

77 En el estado fundamental, un átomo de cual gas noble tiene la misma configuración de electrones que el ion de sulfuro en el Ag_2S? [1]

Base sus respuestas a las preguntas de la 78 a la 81 en la siguiente información y su conocimiento de química.

El blanqueador común es una solución acuosa que contiene iones de hipoclorito. Un contenedor cerrado de blanqueador es un sistema en equilibrio representado por la siguiente ecuación.

$$Cl_2(g) + 2OH^- (aq) \rightleftarrows ClO^- (aq) + Cl^- (aq) + H_2O(\ell)$$

78 Compare la velocidad de la reacción directa con la velocidad de la reacción inversa para este sistema. [1]

79 Exponga el cambio en el número de oxidación para el cloro cuando el $Cl_2(g)$ cambia a $Cl^-(aq)$ durante la reacción directa. [1]

80 Explique porque el contenedor debe estar cerrado para mantener el equilibrio. [1]

81 Exponga el efecto de la concentración del ion ClO^- cuando hay una *disminución* en la concentración del ion OH^-. [1]

Base sus respuestas a las preguntas de la 82 a la 85 en la siguiente información y su conocimiento de química.

El yoduro tiene muchos isótopos, pero solo el yoduro-127 es estable y se encuentra en la naturaleza. Uno de los isótopos radioactivos de yoduro, el I-108, se desintegra por la emisión de partículas alfa. El Yoduro-131 también es radioactivo y tiene varios usos médicos importantes.

82 Determine el número de neutrones en un átomo de I-127. [1]

83 Explique, en términos de protones y neutrones, porque el I-127 y el I-131 son isótopos de yoduro diferentes. [1]

84 Complete la ecuación *en su folleto de respuestas* para la desintegración nuclear del I-108. [1]

85 Determine el tiempo total requerido para que una muestra de 80.0-gramos de I-131 decaiga hasta que sólo 1.25 gramos de la muestra permanezcan iguales. [1]

La Universidad del Estado de Nueva York

EVALUACIÓN DE SECUNDARIA NIVEL REGENTS

ENTORNOS FÍSICOS
QUÍMICA

Martes, 24 de Junio, 2014 — solo de 9:15 a.m. a 12:15 p.m.

La posesión o uso de cualquier dispositivo de comunicación está estrictamente prohibida mientras realice esta evaluación. Si usted tiene o utiliza cualquier dispositivo de comunicación, independientemente de lo corto de su uso, su evaluación será invalidada y ninguna puntuación le será calculada.

Esta es una prueba de su conocimiento de química. Utilice ese conocimiento para responder todas las preguntas en esta evaluación. Algunas preguntas quizás requieran el uso de la *Edición del 2011 de Tablas de Referencia para Entornos Físicos/Química*. Usted responderá todas las preguntas en todas las partes de esta evaluación de acuerdo a las directrices previstas en este folleto evaluativo.

Una hoja de respuestas separada para la Parte A y para la Parte B-1 se le ha otorgado a usted. Siga las instrucciones del coordinador para completar la información del estudiante en su hoja de respuestas. Registre sus respuestas a las preguntas de opción múltiple de la Parte A y la Parte B-1 en esta hoja de respuestas separada. Registre sus respuestas a las preguntas de la Parte B-2 y la Parte C en su folleto de respuestas separado. Asegúrese de llenar el encabezado en el frente de su folleto de respuestas.

Todas las respuestas en su folleto de respuestas deben ser escritas en bolígrafo, excepto por los gráficos y los dibujos, los cuales deben ser hechos en lápiz. Usted puede usar trozos de papel para resolver las respuestas a las preguntas, pero Asegúrese de registrar todas sus preguntas en su hoja de respuestas separada o en su folleto de respuestas como se le dijo.

Cuando usted haya finalizado la evaluación, usted debe firmar la declaración impresa en su hoja de respuestas separada, indicando que usted no tuvo conocimiento ilegal de las preguntas o respuestas previo a la evaluación y que usted no dio ni recibió asistencia respondiendo las preguntas durante la evaluación. Su hoja de respuestas y folleto de respuestas no podrán ser aceptados si usted no firma esta declaración.

Notése. . .

Una calculadora científica o de cuatro funciones y una copia de *Edición del 2011 de Tablas de Referencia para Entornos Físicos/Química* deben estar disponible para el uso mientras realiza el evaluativo.

NO ABRA ESTE FOLLETO EVALUATIVO HASTA QUE SEA DADA LA SEÑAL

Responda todas las preguntas en esta parte.

Direcciones (1–30): Para *cada* declaración o pregunta, registre en su hoja de respuestas separada el *número* de la palabra o expresión que, de las dadas, mejor completa la declaración o responda la pregunta. Algunas preguntas quizás requieran el uso de la *Edición del 2011 de Tablas de Referencia para Entornos Físicos/Química.*

1 Comparado a la carga de un protón, la carga de un electrón tiene

(1) una mayor magnitud y el mismo signo
(2) una mayor magnitud y el signo opuesto
(3) la misma magnitud y el mismo signo
(4) la misma magnitud y el signo opuesto

2 ¿Cuál átomo tiene el radio atómico más grande?

(1) potasio   (3) francio
(2) rubidio   (4) cesio

3 En el modelo de ondas mecánicas del átomo, la orbital se define como

(1) una región de la ubicación más probable de un protón
(2) una región de la ubicación más probable de un electrón
(3) una vía circular viajada por un protón alrededor del núcleo
(4) una vía circular viajada por un electrón alrededor del núcleo

4 Cuando un electrón excitado en un átomo se mueve hacia el estado fundamental, el electrón

(1) absorbe energía al moverse a un estado de energía superior
(2) absorbe energía al moverse a un estado de energía inferior
(3) emite energía al moverse a un estado de energía superior
(4) emite energía al moverse a un estado de energía inferior

5 ¿Cuál ion poliatómico es encontrado en el compuesto representado por la fórmula $NaHCO_3$?

sulfato de
(1) acetato   (3) hidrógeno
(2) carbonato de hidrógeno (4) oxalato

6 La masa atómica del magnesio es el peso promedio de las masas atómicas de

(1) todos los isotopos de Mg producidos artificialmente
(2) todos los isotopos naturales de Mg
(3) los dos isotopos de Mg más abundantes producidos artificialmente
(4) los dos isotopos naturales de Mg más abundantes

7 ¿Cuál elemento tiene átomos que pueden formar iones haluros?

(1) yodo   (3) estroncio
(2) plata   (4) xenón

8 Dos formas de carbono sólido, diamante y grafito, difieren en sus propiedades físicas debido a diferencias en sus

(1) números atómicos
(2) estructuras cristalinas
(3) abundancias isotópicas
(4) composiciones porcentuales

9 ¿Qué cantidad puede ser calculada para un compuesto sólido, dando solo la fórmula del compuesto y la Tabla Periódica de los Elementos?

(1) la densidad del compuesto
(2) el calor de fusión del compuesto
(3) el punto de fusión de cada elemento en el compuesto
(4) la composición porcentual por masa de cada elemento en el compuesto

10 ¿Cuáles términos identifican los tipos de reacción química?

(1) decomposición y sublimación
(2) decomposición y síntesis
(3) deposición y sublimación
(4) deposición y síntesis

11 La mayor cantidad de energía liberada por gramo de reactantes ocurre durante una

(1) reacción redox
(2) reacción de fisión
(3) reacción de sustitución
(4) reacción de neutralización

12 ¿Qué elemento tiene átomos con las atracciones más fuertes por los electrones en un enlace químico?

(1) cloro
(2) nitrógeno
(3) flúor
(4) oxígeno

13 Comparado a las propiedades físicas y químicas del compuesto NO_2, el compuesto N_2O tiene

(1) diferentes propiedades tanto físicas como químicas
(2) diferentes propiedades físicas y las mismas propiedades químicas
(3) las mismas propiedades físicas y diferentes propiedades químicas
(4) las mismas propiedades físicas y químicas

14 ¿Qué frase describe a una molécula de CH_4, en términos de polaridad molecular y distribución de cargas?

(1) polar con una distribución asimétrica de cargas
(2) polar con una distribución simétrica de cargas
(3) no polar con una distribución asimétrica de cargas
(4) no polar con una distribución simétrica de cargas

15 ¿Qué muestra de cobre tiene átomos con la *menor* energía cinética promedio?

(1) 10. g a 45°C
(2) 20. g a 35°C
(3) 30. g a 25°C
(4) 40. g a 15°C

16 ¿Qué cambio resulta en la formación de diferentes sustancias?

(1) quemado de propano
(2) fusión de $NaCl(s)$
(3) deposición de $CO_2(g)$
(4) solidificación de agua

17 ¿Qué sustancia *no* puede ser quebrada por un cambio químico?

(1) amoníaco
(2) etanol
(3) propanal
(4) circonio

18 De acuerdo a la Tabla *I*, ¿cuál ecuación representa un cambio que resulta en la mayor cantidad de energía liberada?

(1) $2C(s) + 3H_2(g) \rightarrow C_2H_6(g)$
(2) $2C(s) + 2H_2(g) \rightarrow C_2H_4(g)$
(3) $N_2(g) + 3H_2(g) \rightarrow 2NH_3(g)$
(4) $N_2(g) + O_2(g) \rightarrow 2NO(g)$

19 ¿Cuál elemento es un líquido en STP?

(1) bromo
(2) cesio
(3) francio
(4) yodo

20 ¿Cuál declaración describe una reacción reversible en equilibrio?

(1) La energía de activación de la reacción directa debe igualar la energía de activación de la reacción inversa.
(2) La velocidad de reacción de la reacción directa debe igual la velocidad de reacción de la reacción inversa.
(3) La concentración de los reactantes debe igualar la concentración de los productos.
(4) La energía potencial de los reactantes debe igualar la energía potencial de los productos.

21 Dada la ecuación balanceada representando una reacción:

$$O_2 \rightarrow O + O$$

¿Qué ocurre durante esta reacción?

(1) Se absorbe energía mientras los enlaces se quiebran
(2) Se absorbe energía mientras los enlaces se forman.
(3) Se libera energía mientras los enlaces se quiebran.
(4) Se libera energía mientras los enlaces se forman.

22 En términos de entropía y energía, los sistemas en la naturaleza tienden a atravesar cambios hacia

(1) menor entropía y menor energía
(2) menor entropía y mayor energía
(3) mayor entropía y menor energía
(4) mayor entropía y mayor energía

23 ¿Qué término se define como la diferencia entre la energía potencial de los productos y la energía potencial de los reactantes en una reacción química?

(1) energía de activación (3) calor de fusión

(2) energía térmica (4) calor de reacción

24 ¿Cuál es el número atómico del elemento cuyos átomos se enlazan los unos con los otros en cadenas, anillos y redes?

(1) 10 (3) 6

(2) 8 (4) 4

25 ¿Cuántos pares de electrones se comparten entre dos átomos de carbono adyacentes en un hidrocarburo saturado?

(1) 1 (3) 3

(2) 2 (4) 4

26 Dada la ecuación balanceada representando una reacción:

$$4Al(s) + 3O_2(g) \rightarrow 2Al_2O_3(s)$$

Mientras el aluminio pierde 12 moles de electrones, el oxígeno

(1) gana 4 moles de electrones
(2) gana 12 moles de electrones
(3) pierde 4 moles de electrones
(4) pierde 12 moles de electrones

27 ¿Qué compuesto es un electrolito?

(1) CH_3CHO (3) CH_3COOH

(2) CH_3OCH_3 (4) $CH_3CH_2CH_3$

28 ¿Qué declaración describe una teoría ácido-base?
(1) Un ácido es un aceptor de H^+, y una base es un donador de H^+.
(2) Un ácido es un donador de H^+, y una base es un aceptor de H^+
(3) Un ácido es un aceptor de H^-, y una base es un donador de H^-
(4) Un ácido es un donador de H^-, y una base es un aceptor de H^-

29 ¿Qué compuestos son clasificados como ácidos Arrhenius?

(1) HCl y NaOH
(2) HNO_3 y NaCl
(3) NH_3 y H_2CO_3
(4) HBr y H_2SO_4

30 ¿Cuál declaración describe la estabilidad de los núcleos de átomos de potasio?

(1) Todos los átomos de potasio tienen núcleos estables que se desintegran espontáneamente.
(2) Todos los átomos de potasio tienen núcleos inestables que no se desintegran espontáneamente.
(3) Algunos átomos de potasio tienen núcleos inestables que se desintegran espontáneamente.
(4) Algunos átomos de potasio tienen núcleos inestables que no se desintegran espontáneamente.

Responda todas las preguntas en esta parte.

Direcciones (31–50): Para *cada* declaración o pregunta, registre en su hoja de respuestas separada el *número* de la palabra o expresión que, de las dadas, mejor completa la declaración o responda la pregunta. Algunas preguntas quizás requieran el uso de la *Edición del 2011 de Tablas de Referencia para Entornos Fisicos/Química.*

31 ¿Cuáles notaciones representan diferentes isotopos del elemento sodio?

(1) ^{32}S y ^{34}S (3) Na^+ y Na^0

(2) S^{2-} y S^{6+} (4) ^{22}Na y ^{23}Na

32 ¿Cuál configuración de electrón representa los electrones de un átomo de Ga en estado de excitación?

(1) 2-8-17-3   (3) 2-8-18-3

(2) 2-8-17-4   (4) 2-8-18-4

33 ¿Cuál declaración describe las tendencias generales en electronegatividad y primera energía de ionización al ser los elementos en el Período 3 considerados en orden de Na a Cl?

(1) La electronegatividad aumenta, y la primera energía de ionización disminuye.
(2) La electronegatividad disminuye, y la primera energía de ionización.
(3) Tanto la electronegatividad como la primera energía de ionización aumentan.
(4) Tanto la electronegatividad como la primera energía de ionización disminuyen.

34 ¿Cuál es la masa molar de $Fe(NO_3)_3$?

(1) 146 g/mol   (3) 214 g/mol

(2) 194 g/mol   (4) 242 g/mol

35 Dada la ecuación balanceada representando una reacción:

$$Al_2(SO_4)_3 + 6NaOH \rightarrow 2Al(OH)_3 + 3Na_2SO_4$$

La razón mol del NaOH al $Al(OH)_3$ es

(1) 1:1   (3) 3:1

(2) 1:3   (4) 3:7

36 ¿Cuál ecuación representa una reacción de desplazamiento simple?

(1) $2H_2O_2 \rightarrow 2H_2O + O_2$

(2) $2H_2 + O_2 \rightarrow 2H_2O$

(3) $H_2SO_4 + Mg \rightarrow H_2 + MgSO_4$

(4) $HCl + KOH \rightarrow KCl + H_2O$

37 El valor aceptado para el porcentaje por masa de agua en un hidrato es 36.0%. En una actividad de laboratorio, un estudiante determinó que el porcentaje por masa de agua en el hidrato fue de 37.8%. ¿Cuál es el error porcentual para el valor medido por el estudiante?

(1) 5.0%   (3) 1.8%

(2) 4.8%   (4) 0.05%

38 Los puntos de ebullición, en presión estándar, de cuatro compuestos son dados en la siguiente tabla.

Puntos de Ebullición de Cuatro Compuestos

Compuesto	Punto de Ebullición (°C)
H_2O	100.0
H_2S	-59.6
H_2Se	-41.3
H_2Te	-2.0

¿Qué tipo de atracción puede ser usada para explicar el inusualmente alto del H_2O?

(1) enlazamiento iónico
(2) enlace de hidrógeno
(3) enlazamiento polar covalente
(4) enlazamiento no polar covalente

39 ¿Cuál fórmula representa una molécula con el enlace más polar?

(1) CO   (3) HI

(2) NO   (4) HCl

40 La siguiente gráfica representa el calentamiento uniforme de una sustancia desde la fase sólida hacia la gaseosa.

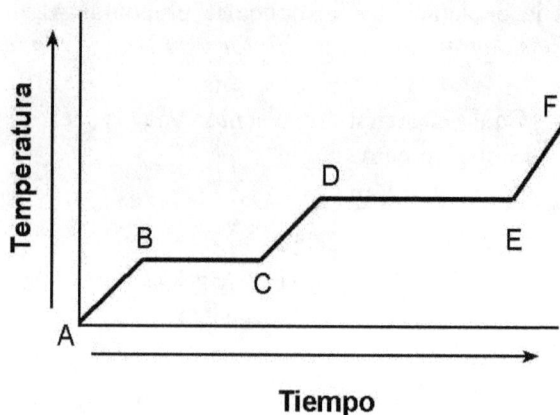

Tiempo

¿Cuál segmento de línea de la gráfica representa ebullición?

(1) $\overline{AB}$

(3) $\overline{CD}$

(2) $\overline{BC}$

(4) $\overline{DE}$

41 Una muestra de 1 gramo de un compuesto es añadida a 100 gramos de $H_2O(\ell)$ y la mezcla resultante es luego agitada minuciosamente. Parte del compuesto es luego separada de la mezcla por filtración. Basado en la Tabla F, el compuesto puede ser

(1) AgCl

(3) NaCl

(2) $CaCl_2$

(4) $NiCl_2$

42 En presión estándar, la cantidad total de calor requerida para vaporizar completamente una muestra de 100.-gramo de agua en su punto de ebullición es

(1) $2.26x10$ J

(3) $2.26x10^3$ J

(2) $2.26x10^2$ J

(4) $2.26x10^5$ J

43 Una muestra de gas de helio está en contenedor rígido y sellado. ¿Qué ocurre mientras se incrementa la temperatura de la muestra?

(1) La masa de la muestra disminuye.

(2) El número de los moles de gas aumenta.

(3) El volumen de cada átomo disminuye.

(4) La frecuencia de colisiones entre átomos aumenta.

44 Dada la ecuación representando una reacción en equilibrio:

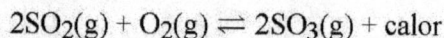

$$2SO_2(g) + O_2(g) \rightleftharpoons 2SO_3(g) + calor$$

¿Qué cambio causa que el equilibrio se desplace a la derecha?

(1) añadir un catalizador

(2) añadir más $O_2(g)$

(3) disminuir la presión

(4) aumentar la temperatura

45 Dada la fórmula representando un compuesto:

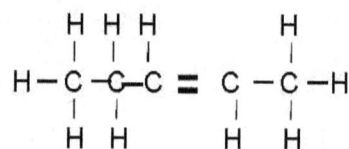

¿Cuál es el nombre químico de este compuesto?

(1) 2-penteno

(3) 3-penteno

(2) 2-pentino

(4) 3-pentino

46 ¿Cuál es el número de oxidación del manganeso en el $KMnO_4$?

(1) 7

(3) 3

(2) 2

(4) 4

47 Cuando el pH de una solución acuosa cambia de 1 a 2, la concentración de los iones de hidronio en la solución es

(1) disminuida por un factor de 2

(2) disminuida por un factor de 10

(3) aumentada por un factor de 2

(4) aumentada por un factor de 10

48 ¿Cuál es color del indicador azul de timol en una solución que tiene un pH de 11?

(1) rojo

(3) rosa

(2) azul

(4) amarillo

49 ¿Cuáles fórmulas representan compuestos que son isómeros uno del otro?

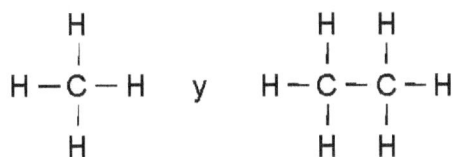

(1)

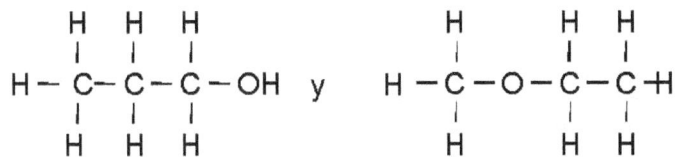

(3)

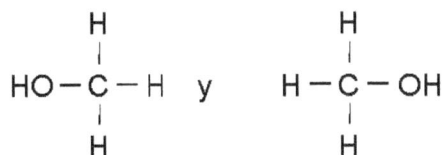

(2)

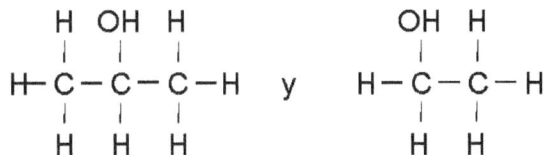

(4)

50 Un uso beneficial de los radioisótopos es

(1) la detección de enfermedades

(2) la neutralización de un derrame de ácido

(3) la disminución de niveles de $O_2(g)$ disuelto en agua de mar

(4) el incremento de la concentración de $CO_2(g)$ en la atmósfera

Parte B–2

Responda todas las preguntas en esta parte.

Direcciones (51– 65): Registre sus respuestas en los espacios previstos en su folleto de respuestas. Algunas preguntas quizás requieran el uso de la *Edición del 2011 de Tablas de Referencia para Entornos Físicos/Química.*

51 Dibuje un diagrama de Lewis para una molécula de bromometano, CH_3Br. [1]

52 Explique, en términos de estructura atómica, porque los elementos del Grupo 18 en la Tabla Periódica rara vez forman compuestos. [1]

53 Explique, en términos de electrones, porque el radio de un átomo de potasio es más grande que el radio de un ion de potasio en estado fundamental. [1]

54 Identifique el tipo de enlace en el potasio sólido. [1]

Base sus respuestas a las preguntas 55 y 56 en la siguiente información y su conocimiento de química.

Una solución acuosa de 2.50-litros contiene 1.25 moles de cloruro de sodio disuelto. La disolución del $NaCl(s)$ en agua es representada por la siguiente ecuación

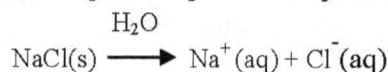

$$NaCl(s) \xrightarrow{H_2O} Na^+(aq) + Cl^-(aq)$$

55 Determine la molaridad de esta solución. [1]

56 Compare el punto de congelación de esta solución con el punto de congelación de una solución que contiene 0.75 mol de $NaCl$ por 2.50 litros de solución. [1]

Base sus respuestas a las preguntas 55 y 56 en la siguiente información y su conocimiento de química.

Una muestra de 1.00 mol de glucosa, $C_6H_{12}O_6$, reacciona completamente con oxígeno, como se representa en la siguiente ecuación balanceada.

$$C_6H_{12}O_6(s) + 6O_2(g) \rightarrow 6CO_2(g) + 6H_2O(\ell) + \text{energía}$$

57 Escriba la fórmula empírica para la glucosa. [1]

58 Usando los ejes *en su folleto de respuestas,* complete la curva de energía potencial para la reacción de glucosa con oxígeno. [1]

Base sus respuestas a las preguntas de la 59 a la 61 en la siguiente información y su conocimiento de química.

El etano, C_2H_6, tiene un punto de ebullición de 89°C en presión estándar. El etanol, C_2H_5OH, tiene un punto de ebullición mucho más alto que el etano en presión estándar. En STP, el etano es un gas y el etanol es un líquido.

59 Identifique la clase de compuestos orgánicos a la que el etanol pertenece. [1]

60 Un líquido hierve cuando la presión de vapor del líquido iguala la presión atmosférica en la superficie del líquido. Basado en la Tabla *H*, ¿cuál es el punto de ebullición del etanol en presión estándar? [1]

61 Compare las fuerzas intermoleculares de las dos sustancias en STP. [1]

Base sus respuestas a las preguntas de la 62 a la 65 en la siguiente información y su conocimiento de química.

Una celda voltaica operativa tiene electrodos de zinc y de hierro. La celda y la ecuación iónica desbalanceada representando la reacción que ocurre se muestran abajo.

Celda Voltaica

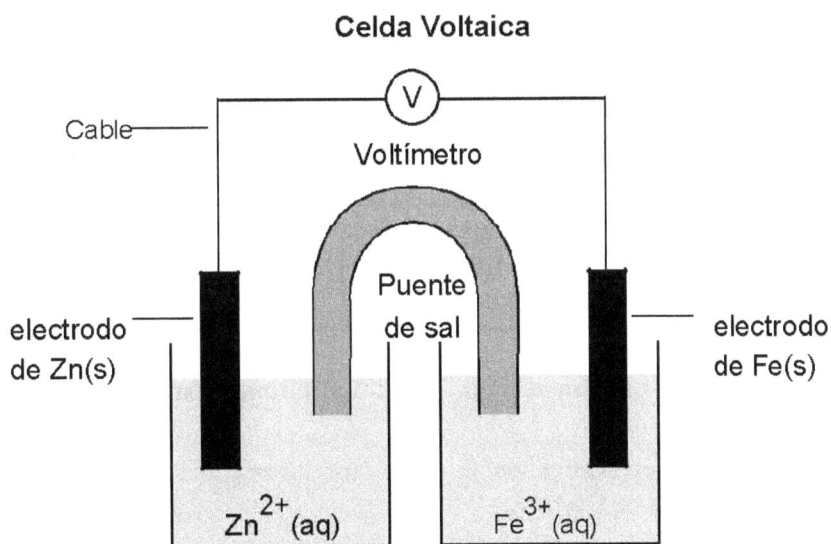

$$Zn(s) + Fe^{3+}(aq) \longrightarrow Zn^{2+}(aq) + Fe(s)$$

62 Identifique las partículas subatómicas que fluyen a través del cable mientras la celda está operativa. [1]

63 Balancee la ecuación *en su folleto de respuestas*, para la reacción redox que ocurre en esta celda, usando el número de coeficientes entero más pequeño. [1]

64 Identifique *un* metal de la Tabla *J* que se oxide más fácil que el Zn. [1]

65 Explique, en términos de átomos de Zn e iones de Zn, porque la masa del electrodo de Zn *disminuye* mientras la celda opera. [1]

Parte C

Responda todas las preguntas en esta parte.

Direcciones (66– 85): Registre sus respuestas en los espacios previstos en su folleto de respuestas. Algunas preguntas quizás requieran el uso de la *Edición del 2011 de Tablas de Referencia para Escenarios Físicos/Química.*

Base sus respuestas a las preguntas de la 66 a la 69 en la siguiente información y su conocimiento de química.

Un estudiante compara algunos modelos del átomo. Estos modelos están anotados en la siguiente tabla en orden de desarrollo desde arriba hacia abajo.

Modelos del Átomo

Modelo	Observación	Conclusión
Modelo de Dalton	La materia es conservada durante una reacción química.	Los átomos son esferas duras, indivisibles de diferentes tamaños.
Modelo de Thomson	Los rayos catódicos son reflejados por campos eléctricos/magnéticos.	Los átomos tienen partículas pequeñas cargadas negativamente como parte de su estructura interna.
Modelo de Rutherford	La mayoría de las partículas alfa pasan directamente a través de papel de oro pero unas pocas son reflejadas.	Un átomo es principalmente un espacio vacío con un núcleo denso, pequeño, cargado positivamente
Modelo de Bohr	Las líneas espectrales únicas son emitidas por elementos gaseosos excitados.	Paquetes de energía son absorbidos o emitidos por átomos cuando un electrón cambia capas.

66 Exponga el modelo que primeramente incluyó los electrones como partículas subatómicas. [1]

67 Exponga *una* conclusión acerca de la estructura interna del átomo que resultó del experimento de papel de oro. [1]

68 Usando la conclusión del modelo de Rutherford, identifique la partícula subatómica cargada que se ubica en el núcleo. [1]

69 Exponga *una* manera en la cual el modelo de Bohr acuerda con el modelo Thomson. [1]

Base sus respuestas a las preguntas de la 70 a la 72 en la siguiente información y su conocimiento de química.

El paintball es una popular actividad recreacional que usa un tanque de metal de dióxido de carbono o nitrógeno compreso para disparar pequeñas capsulas de pintura. Un tanque típico tiene un volumen de 508 centímetros cúbicos. Una muestra de 340.-gramos de dióxido de carbono es añadida al tanque antes de que se use para el paintball. A 20°C, este tanque contiene tanto $CO_2(g)$ como $CO_2(\ell)$. Posterior a un juego de paintball, el tanque contiene solo $CO_2(g)$.

70 Determine el número total de moles de CO_2 añadidos al tanque antes de que sea usado para paintball. [1]

71 En el recuadro *en su folleto de respuestas,* use la clave para dibujar un diagrama de partículas que represente las dos fase de. Su respuesta debe incluir *al menos seis* moléculas de CO_2 en *cada* fase. [1]

72 Tras el juego de paintball, el tanque tiene una presión de gas de 6.1 atmósferas y está a 293 K. Si el tanque se calienta a 313 K, la presión en el tanque cambiará. Muestre un escenario numérico para el cálculo de la presión del gas en el tanque a 313 K. [1]

Base sus respuestas a las preguntas de la 73 a la 75 en la siguiente información y su conocimiento de química.

Muchos panes son hechos añadiendo levadura a la masa, causando que la masa aumente. La levadura es un tipo de microorganismo que produce el catalizador zimasa, el cuál convierte la glucosa, $C_6H_{12}O_6$, en etanol y gas de dióxido de carbono. La siguiente ecuación balanceada muestra esta reacción.

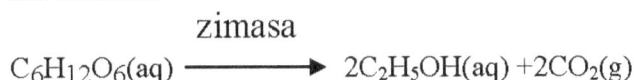

$$C_6H_{12}O_6(aq) \xrightarrow{\text{zimasa}} 2C_2H_5OH(aq) + 2CO_2(g)$$

73 Dibuje una fórmula estructural para el etanol formado durante esta reacción. [1]

74 Describa como el catalizador, zimasa, acelera esta reacción. [1]

75 Determine la masa total de etanol producido cuando 270 gramos de glucosa reaccionan completamente para formar etanol y 132 gramos de dióxido de carbono. [1]

Base sus respuestas a las preguntas de la 76 a la 79 en la siguiente información y su conocimiento de química.

Durante una actividad de laboratorio, un estudiante coloca 25.0 mL de HCl(aq) de concentración desconocida en un frasco. El estudiante añade cuatro gotas de fenolftaleína a la solución en el frasco. La solución es titulada con 0.150 M de KOH(aq) hasta que la solución parece rosa tenue. El volumen de KOH(aq) añadido es 18.5 mL.

76 ¿Qué número de cifras significantes es usado para expresar la concentración del KOH(aq)? [1]

77 Complete la ecuación *en su folleto de respuestas* para la reacción de neutralización que ocurre durante la titulación. [1]

78 Determine la concentración de la solución de HCl(aq), usando los datos de la titulación. [1]

79 Describa *un* procedimiento de seguridad en el laboratorio que debería ser usado si una gota del KOH(aq) se derrama en el brazo del estudiante. [1]

Base sus respuestas a las preguntas de la 80 a la 82 en la siguiente información y su conocimiento de química.

Unos pocos trozos de hielo seco, $CO_2(s)$, a 78°C son colocados en un frasco que contiene aire a 21°C. El frasco es tapado colocando un globo desinflado sobre la boca del frasco. Mientras se infla el globo, el hielo seco desaparece y no se observa ningún líquido en el frasco.

80 Exponga la dirección del flujo de calor que ocurre entre el hielo seco y el aire en el frasco. [1]

81 Escriba el nombre del proceso que ocurre mientras el hielo seco atraviesa un cambio de fase en el frasco. [1]

82 Compare la entropía de las moléculas de CO_2 en el hielo seco con la entropía de las moléculas de CO_2 en el globo inflado. [1]

Base sus respuestas a las preguntas de la 83 a la 85 en la siguiente información y su conocimiento de química.

Las señales de EXIT iluminadas son usadas en edificios públicos como escuelas por ejemplo. Si la palabra EXIT es verde, la señal quizás contenga el radioisótopo tritio, hidrógeno-3. El tritio es un gas sellado en tubos de vidrio. Las emisiones de la desintegración del gas de tritio causan un revestimiento en el interior de los tubos para que brillen.

83 Exponga, en términos de neutrones, como un átomo de tritio *difiere* de un átomo de hidrógeno-1. [1]

84 Determine la fracción de una muestra original de tritio que permanece sin alteraciones tras 24.62 años. [1]

85 Complete la ecuación nuclear *en su folleto de respuestas* para la desintegración radioactiva del tritio, escribiendo una notación para el producto faltante. [1]

La Universidad del Estado de Nueva York

EVALUACIÓN DE SECUNDARIA NIVEL REGENTS

ENTORNO FÍSICO
QUÍMICA

Miércoles, 28 de enero, 2015 — solo de 1:15 a 4:15 p.m.,

La posesión o el uso de cualquier dispositivo de comunicación están estrictamente prohibidos mientras realice esta evaluación. Si usted tiene o utiliza cualquier dispositivo de comunicación, sin importar lo corto de su uso, su evaluación será invalidada y ninguna puntuación le será calculada.

Esta es una prueba de su conocimiento de química. Utilice ese conocimiento para responder todas las preguntas en esta evaluación. Algunas preguntas quizás requieran el uso de la *Edición del 2011 de Tablas de Referencia para Entornos Físicos/Química.* Usted responderá todas las preguntas en todas las partes de esta evaluación de acuerdo a las directrices previstas en este folleto evaluativo.

Una hoja separada de respuestas se le ha otorgado a usted para la Parte A y para la Parte B-1. Siga las instrucciones del coordinador para completar la información del estudiante en su hoja de respuestas. Registre sus respuestas para las preguntas de la Parte B-2 y la Parte C en su folleto separado de respuestas. Asegúrese de llenar el encabezado en el frente de su folleto de respuestas.

Todas las respuestas en su folleto de respuestas deben ser escritas en bolígrafo, excepto por los gráficos y los dibujos, los cuales deben ser hechos en lápiz. Usted puede usar trozos de papel para resolver las respuestas a las preguntas, pero asegúrese de registrar todas sus preguntas en su hoja de respuestas o en su folleto de respuestas como se le dijo.

Cuando usted haya completado la evaluación, usted debe firmar la declaración impresa en su hoja separada de respuestas, indicando que usted no tuvo conocimiento ilegal de las preguntas o respuestas previo a la evaluación y que usted no dio ni recibió asistencia respondiendo las preguntas durante la evaluación. Su hoja de respuestas y folleto de respuestas no podrán ser aceptados si usted no firma esta declaración.

Notése. . .

Una calculadora científica o de cuatro funciones y una copia de *Edición del 2011 de Tablas de Referencia para Entornos Físicos/Química* deben estar disponible para el uso mientras realiza el evaluativo.

NO ABRA ESTE FOLLETO EVALUATIVO HASTA QUE SEA DADA LA SEÑAL.

Parte A

Responda todas las preguntas en esta parte.

Direcciones (1–30): Para *cada* declaración o pregunta, registre en su hoja separada de respuestas el *número* de la palabra o expresión que, de las dadas, mejor completa la declaración o responda la pregunta. Algunas preguntas quizás requieran el uso de la *Edición del 2011 de Tablas de Referencia para Entornos Físicos/Química.*

1 De acuerdo al modelo moderno del átomo, el núcleo de un átomo está rodeado de uno o más

(1) electrones   (3) positrones

(2) neutrones   (4) protones

2 ¿Cual particula tiene una masa aproximadamente de 1 unidad de masa atómica?

(1) una particula alfa   (3) un electrón

(2) una particula beta   (4) un neutrón

3 Una cantidad específica de energía es emitida cuando electrones excitados en un átomo en una muestra de un elemento regresan a su estado fundamental. Esta energía emitida puede ser usada para determinar

(1) la masa de la muestra

(2) el volumen de la muestra

(3) la identidad del elemento

(4) el número de moles del elemento

4 De acuerdo a la dualidad onda-partícula, una orbital es definida como

(1) la trayectoria circular de electrones

(2) la trayectoria circular de neutrones

(3) la ubicación más probable de electrones

(4) la ubicación más probable de neutrones

5 Todos los átomos de fosforo tienen el mismo

(1) número atómico

(2) número de masa

(3) numero de neutrones más número de electrones

(4) numero de neutrones más número de protones

6 En STP (condiciones normales), cual elemento es un buen conductor de electricidad?

(1) cloro   (3) plata

(2) yodo   (4) azufre

7 ¿Qué frase describe la estructura molecular y las propiedades de dos formas solidas del carbón, el diamante y el grafito?

(1) la misma estructura molecular y las mismas propiedades

(2) la misma estructura molecular y diferentes propiedades

(3) Diferentes estructuras moleculares y las mismas propiedades

(4) Diferente estructura molecular y diferentes propiedades

8 ¿Qué cantidad es igual a un mol de Au?

(1) la masa atómica en gramos

(2) el número atómico en gramos

(3) la masa de neutrones en gramos

(4) el número de neutrones en gramos

9 Dada la ecuación balanceada que representando la reacción entre metano y oxigeno:

$$CH_4 \quad 2O_2 \rightarrow CO_2 \quad 2H_2O$$

De acuerdo a esta ecuación, ¿cuál es el ratio del mol de oxígeno al metano?

(1) $\dfrac{1 \text{ gramo } O_2}{2 \text{ gramos } CH_4}$ (3) $\dfrac{2 \text{ gramos } O_2}{1 \text{ gramo } CH_4}$

(2) $\dfrac{1 \text{ mol } O_2}{2 \text{ moles } CH_4}$ (4) $\dfrac{2 \text{ moles } O_2}{1 \text{ mol } CH_4}$

10 ¿Que lista incluye los tres tipos de reacciones químicas?

(1) descomposición, desplazamiento simple, y solidificación

(2) descomposición, desplazamiento simple, y desplazamiento doble

(3) solidificación, desplazamiento doble, and descomposición

(4) solidificación, desplazamiento doble, and desplazamiento simple

11 ¿Cual compuesto tiene el mayor porcentaje de composición por masa de azufre?

(1) BaS   (3) MgS
(2) CaS   (4) SrS

12 Dos moléculas de HBr chocan y forman H_2 y Br_2. Durante el choque, los enlaces en las moléculas de HBr son

(1) quebrados mientras la energía es absorbida
(2) quebrados mientras la energía es liberada
(3) formados mientras la energía es absorbida
(4) formados mientras la energía es liberada

13 ¿Cuál átomo en estado fundamental tiene una configuración de electrones estable?

(1) carbon   (3) neon
(2) magnesio   (4) oxígeno

14 ¿Cuál declaración describe los enlaces covalentes múltiples?

(1) Dos electrones son compartidos.
(2) Cuatro electrones son compartidos.
(3) Dos electrones son transferidos.
(4) Cuatro electrones son transferidos.

15 La diferencia electronegativa entre átomos en una molécula de HCl puede ser usada para determinar

(1) la entropía de los átomos
(2) el número atómico de los átomos
(3) la primera energía de ionización de los átomos
(4) la polaridad de los enlaces entre los átomos

16 ¿Cuáles dos gases no pueden ser quebrados por medios químicos?

(1) CO y He   (3) Xe y He
(2) CO y NH_3 (4) Xe y NH_3

17 Dos sustancias en una mezcla difieren en densidad y el tamaño de las partículas. Estas propiedades pueden ser usadas para
(1) separar las sustancias
(2) combinar las sustancias químicamente
(3) determinar el punto de congelación de la mezcla
(4) pronosticar la conductividad eléctrica de la mezcla

18 ¿Cual unidad es usada para expresar la cantidad de energía térmica?

(1) gramo   (3) joul
(2) mol   (4) pascal

19 ¿Bajo qué condiciones de presión y temperatura más se comporta un gas real como un gas ideal?

(1) baja temperatura y baja presión
(2) baja temperatura y alta presión
(3) alta temperatura y baja presión
(4) alta temperatura y alta presión

20 De acuerdo a la teoría cinética molecular para un gas ideal, todas las partículas gaseosas

(1) son aleatorias, constantes, con un movimiento línea recta
(2) están separadas por distancias muy pequeñas relativas a sus tamaños
(3) tienen fuerzas intermoleculares poderosas
(4) tienen choques que disminuyen la energía total del sistema

21 ¿Cuál expresión matemática representa el calor de reacción para una reacción química?

(1) (el calor de fusión) – (el calor de vaporización)
(2) (el calor de vaporización) – (el calor de fusión)
(3) (la energía potencial de los productos) – (la energía potencial de los reactantes)
(4) (la energía potencial de los reactantes) – (la energía potencial de los productos)

22 ¿A 101.3 kPa y 298 K, una muestra de 1.0 mol de que compuesto absorbe la mayor cantidad de calor mientras toda la muestra se disuelve en agua?

(1) LiBr   (3) NaOH
(2) NaCl   (4) NH_4Cl

23 ¿Para una reacción en equilibrio, que cambio aumenta la velocidad de las reacciones directa e inversa?

(1) una disminución en la concentración de los reactantes
(2) una disminución en el área de superficie de los productos
(3) un aumento en la temperatura del sistema
(4) un aumento en la activación de energía de la reacción delantera

24 ¿Que reacción produce etanol?

(1) combustión   (3) fermentación
(2) esterificación   (4) polimerización

25 El proceso químico por el cual los electrones son adquiridos por un átomo o ion se llama

(1) adición   (3) reducción
(2) oxidación   (4) substitución

26 ¿Qué proceso ocurre en una célula voltaica operativa?

(1) La energía eléctrica es convertida en energía química.
(2) La energía química es convertida en energía eléctrica
(3) La oxidación toma lugar en el cátodo
(4) La reducción toma lugar en el ánodo

27 ¿Que puede ser explicado por la teoría de Arrhenius?

(1) El comportamiento de muchas bases y ácidos
(2) El efecto de tensión en un estado de equilibrio
(3) La operación de una célula electroquímica
(4) La desintegración espontánea de algunos núcleos

28 De acuerdo a la teoría acido-base, una molécula de agua actúa como un ácido cuando la molécula

(1) dona un ion de H^+
(2) acepta un ion de H^+
(3) dona un ion de OH^-
(4) acepta un ion de OH^-

29 Las partículas beta y los positrones tienen

(1) La misma carga y diferente masa
(2) La misma carga y diferentes masas
(3) Cargas diferentes y masa igual
(4) Cargas diferentes y masas iguales

30 ¿Qué término identifica un tipo de reacción nuclear?

(1) transmutación   (3) deposición
(2) neutralización   (4) reducción

Parte B–1

Responda todas las preguntas en esta parte.

Direcciones (31–50): Para *cada* declaración o pregunta, registre en su hoja de respuestas separada el *número* de la palabra o expresión que, de las dadas, mejor completa la declaración o responda la pregunta. Algunas preguntas quizás requieran el uso de la *Edición del 2011 de Tablas de Referencia para Entornos Físicos/Química*.

31 ¿Cuál es el número de electrones en un ion Al^{3+}?

(1) 10 (3) 3
(2) 13 (4) 16

32 ¿La valencia de un electrón cuyo átomo en estado fundamental tiene la mayor cantidad de energía?
(1) cesio (3) rubidio
(2) litio (4) sodio

33 El número de protones y neutrones en cada uno de los cuatro átomos se muestran en la siguiente tabla.

Protones y Neutrones en Cuatro Átomos Diferentes

Átomo	Número de Protones	Número de Neutrones
A	8	8
D	9	9
E	9	10
G	10	10

¿Cuáles dos átomos representan isotopos del mismo elemento?
(1) A and D (3) E and D
(2) A and G (4) E and G

34 ¿Qué elementos tienen las propiedades químicas más similares?

(1) boro y carbón
(2) oxígeno y azufre
(3) aluminio y bromo
(4) argón and silicón

35 ¿Qué elemento reacciona con el oxígeno para formar enlace iónicos?

(1) calcio (3) cloro
(2) hidrogeno (4) nitrógeno

36 La siguiente tabla da la masa atómica y la abundancia de los dos isotopos de cloros que ocurren naturalmente

Isotopos de Cloros que Ocurren Naturalmente

Isotopos	Masa Atómica del Isotopo (u)	Abundancia Natural (%)
^{35}Cl	34.97	75.76
^{37}Cl	36.97	24.24

¿Cuál arreglo numérico puede ser utilizado para calcular la masa atómica del elemento cloro?

(1) (34.97 u)(75.76) + (36.97 u)(24.24)
(2) (34.97 u)(0.2424) + (36.97 u)(0.7576)
(3) (34.97 u)(0.7576) + (36.97 u)(0.2424)
(4) (34.97 u)(24.24) + (36.97 u)(75.76)

37 ¿Cuáles tendencias generales en primera energía de ionización y valores de electronegatividad son probadas por elementos del Grupo 15 si se consideran en el orden de arriba hacia abajo?

(1) La primera energía de ionización disminuye y la electronegatividad disminuye
(2) La primera energía de ionización aumenta y la electronegatividad aumenta.
(3) La primera energía de ionización disminuye y la electronegatividad aumenta.
(4) La primera energía de ionización aumenta y la electronegatividad disminuye.

38 Una muestra de aluminio tiene una masa de 80.01 g y una densidad de 2.70 g/cm3. De acuerdo a los datos, hasta que número de figuras significantes debe ser expresado el volumen calculado de la muestra de aluminio?

(1) 1 (3) 3
(2) 2 (4) 4

39 Dados cuatro modelos de partículas:

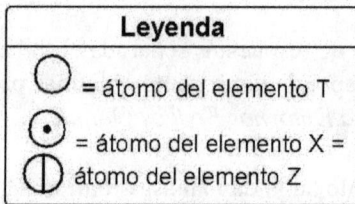

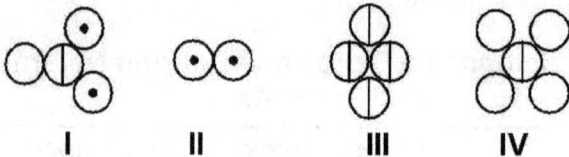

Leyenda

○ = átomo del elemento T

⊙ = átomo del elemento X =

◐ átomo del elemento Z

I   II   III   IV

¿Cuáles dos modelos pueden ser clasificados como elementos?

(1) I and II
(2) I and IV
(3) II and III
(4) II and IV

40 ¿Después de ser removida minuciosamente a 10 °C, que mezcla es heterogénea?

(1) 25.0 g of KCl and 100. g of H_2O
(2) 25.0 g of KNO_3 and 100. g of H_2O
(3) 25.0 g of NaCl and 100. g of H_2O
(4) 25.0 g of $NaNO_3$ and 100. g of H_2O

41 ¿Qué dos compuestos son electrolitos?

(1) KOH and CH_3COOH
(2) KOH and C_5H_{12}
(3) CH_3OH and CH_3COOH
(4) CH_3OH and C_5H_{12}

42 ¿Qué declaración explica por qué una molécula de CO2 no tiene polos?

(1) El carbón y el oxígeno son no metales.
(2) El carbón and oxígeno tienen diferentes electronegatividades.
(3) La molécula tiene una distribución de carga simétrica.
(4) La molécula tiene una distribución de carga asimétrica

43 ¿Qué cambio de temperatura indica un incremento en la energía cinética media de las moléculas en una muestra?

(1) 15°C a 298 K
(2) 37°C a 273 K
(3) 305K a 0°C
(4) 355K a 25°C

44 Dado el diagrama de partículas:

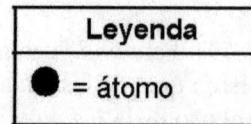

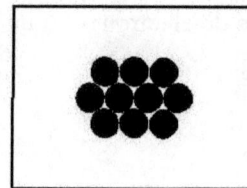

Leyenda

● = átomo

¿Qué sustancia en STP (condiciones normales) puede ser representada por este diagrama de partículas?

(1) N_2
(2) H_2
(3) Mg
(4) Kr

45 ¿Qué tipo de equilibrio existe en un frasco sellado que contiene $Br_2(\ell)$ y $Br_2(g)$ a 298 K y 1.0 atm?

(1) estado de equilibrio estable
(2) solución en equilibrio estable
(3) estado de equilibrio dinámico
(4) solución en equilibrio dinámico

46 ¿Cuáles son los productos cuando el hidróxido de potasio reacciona con el ácido clorhídrico?

(1) KH(s), Cl (aq), and OH- (aq)
(2) K(s), $Cl_2(g)$, and $H_2O(\ell)$
(3) KCl(aq) and $H_2O(\ell)$
(4) KOH(aq) and $Cl_2(g)$

47 En una valoración, 20.0 mililitros de una solución de 0.150 M NaOH(aq) neutralizan exactamente a 24.0 mililitros de una solución de HCl(aq). ¿Cuál es la concentración de la solución HCl(aq)?

(1) 0.125 M
(2) 0.180 M
(3) 0.250 M
(4) 0.360 M

48 ¿Que fracción de una muestra de Sr-90 permanece igual tras 87.3 años?

(1) $\frac{1}{2}$
(2) $\frac{1}{3}$
(3) $\frac{1}{4}$
(4) $\frac{1}{8}$

49 ¿Cuál de los siguientes diagramas de energía potencial representa el cambio en energía potencial que ocurre cuando un catalizador es añadido a una reacción química?

Leyenda
———— reacción sin catalizador reac-
– – – – – – · ción con catalizador

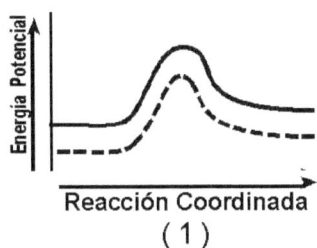

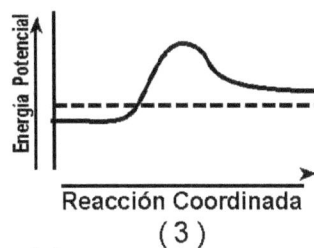

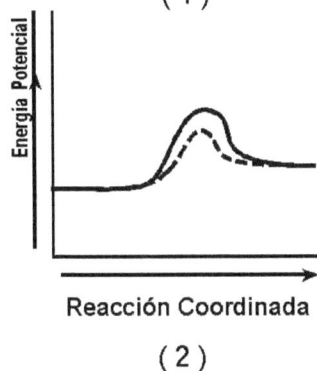

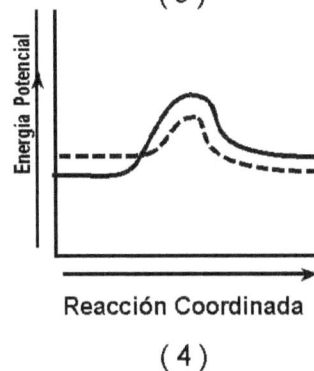

Energia Potencial
Reacción Coordinada
(1)

Energia Potencial
Reacción Coordinada
(3)

Energia Potencial
Reacción Coordinada
(2)

Energia Potencial
Reacción Coordinada
(4)

50 ¿Cual ecuación balanceada representa una decadencia radioactiva espontanea?

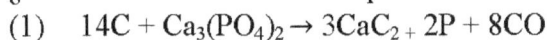

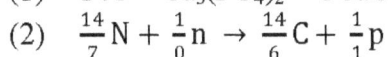

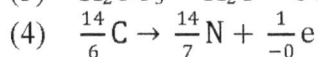

(1) $14C + Ca_3(PO_4)_2 \rightarrow 3CaC_2 + 2P + 8CO$

(2) $\frac{14}{7}N + \frac{1}{0}n \rightarrow \frac{14}{6}C + \frac{1}{1}p$

(3) $H_2CO_3 \rightarrow H_2O + CO_2$

(4) $\frac{14}{6}C \rightarrow \frac{14}{7}N + \frac{1}{-0}e$

Parte B–2

Responda todas las preguntas en esta parte.

Direcciones (51– 65): Registre sus respuestas en los espacios previstos en su folleto de respuestas. Algunas preguntas quizás requieran el uso de la *Edición del 2011 de Tablas de Referencia para Entornos Físicos/Química.*

Base sus respuestas de las preguntas 51 a la 53 en la información de abajo y en su conocimiento de química.

La siguiente ecuación balanceada representa la reacción de glucosa, $C_6H_{12}O_6$, con oxígeno a 298 K y 101.3 kPa.

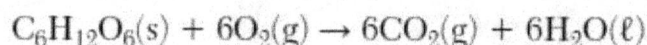

$$C_6H_{12}O_6(s) + 6O_2(g) \rightarrow 6CO_2(g) + 6H_2O(\ell)$$

51 Determine la masa de CO_2 producida cuando 9.0 gramos de glucosa reacciona completamente con 9.6 gramos of oxígeno para producir 5.4 gramos de agua. [1]

52 Compare la entropía de los reactantes con la entropía de los productos. [1]

53 Escriba la formula empírica de la glucosa. [1]

___

Base sus respuestas de las preguntas 54 y 55 en la información de abajo y en su conocimiento de química.

El diagrama representa un cilindro con un pistón movible. El cilindro contiene 1.0 litro de oxígeno gaseoso en STP. El pistón movible dentro del cilindro es empujado hacia abajo a una temperatura constante hasta que el volumen de $O_2(g)$ es 0.50 litros

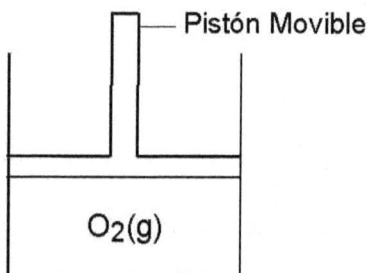

Pistón Movible

$O_2(g)$

54 Determine la nueva presión de $O_2(g)$ en el cilindro, en atmósferas. [1]

55 Exponga el efecto en la frecuencia de colisiones de moléculas gaseosas cuando el pistón movible es empujado más hacia abajo dentro del cilindro. [1]

___

Base sus respuestas de las preguntas 56 a la 58 en la información de abajo y en su conocimiento de química.

Las formulas y los puntos de ebullición para etano, metano, metanol, y agua son a presión estándar son mostrados en la tabla de abajo.

Información para Cuatro Compuestos

Nombre	Formula	Punto de Ebullición (°C)
etano	H H | | H − C − C −H | | H H	−88.6
metano	H | H − C − H | H	−161.5
metanol	H | H − C − OH | H	64.6
agua	H − O | H	100.0

56 Identifique el compuesto con las fuerzas intermoleculares más poderosas. [1]

57 Exponga el cambio en energía potencial que toma lugar en una muestra de metano que hierve a -161.5°C. [1]

58 Explique, en términos de polaridad molecular, porque la solubilidad del metanol en agua es mayor que la solubilidad del metano en agua. [1]

Base sus respuestas de las preguntas 59 a la 61 en la información de abajo y en su conocimiento de química.

Los diagramas de abajo representan modelos de barras y esferas de dos moléculas. En un modelo de barras y esferas, cada esfera representa un átomo, y las barras entre las esferas representan enlaces químicos

Leyenda

● = átomo de hidrógeno

○ = átomo de carbón

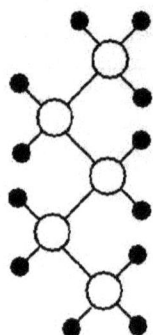
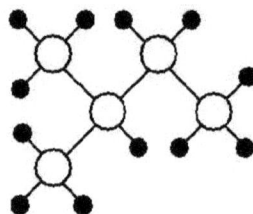

Diagrama A   **Diagrama B**

59 Dibuje un diagrama de Lewis para un átomo del elemento presente en todos los compuestos orgánicos. [1]

60 Explique, en términos de enlaces carbón-carbón, porque el hidrocarburo representado en el diagrama B esta saturado. [1]

61 Explique porque las moléculas en los diagramas A y B son isómeros el uno del otro. [1]

Base sus respuestas de las preguntas 62 y 63 en la información de abajo y en su conocimiento de química.

Las tuercas, pernos, y bisagras que adhieren algunas puertas a la cerca de un parque pueden ser hechas de hierro. El hierro puede reaccionar con oxígeno en el aire. La ecuación desbalanceada representando dicha reacción se muestra abajo.

$$Fe(s) + O_2(g) \rightarrow Fe_2O_3(s)$$

62 Balancee la ecuación *en su folleto de respuestas* para la reacción, usando el menor número de coeficientes. [1]

63 Determine el cambio en el estado de oxidación para el oxígeno en dicha reacción. [1]

Base sus respuestas de las preguntas 64 y 65 en la información de abajo y en su conocimiento de química.

El pH de varias soluciones acuosas se muestra en la tabla de abajo.

pH de Varias Soluciones Acuosas

Soluciones Acuosas	pH
HCl(aq)	2
HC$_2$H$_3$O$_2$(aq)	3
NaCl(aq)	7
NaOH(aq)	12

64 Complete la tabla *en su folleto de respuestas* escribiendo el color del timol azul en las soluciones NaCl(aq) y NaOH(aq). [1]

65 Afirme cuantas veces es mayor la concentración de iones de hidrógeno en la HCl(aq) que la concentración de iones de hidrógeno en HC$_2$H$_3$O$_2$(aq). [1]

Parte C

Responda todas las preguntas en esta parte.

Direcciones (66– 85): Registre sus respuestas en los espacios previstos en su folleto de respuestas. Algunas preguntas quizás requieran el uso de la *Edición del 2011 de Tablas de Referencia para Escenarios Físicos/Química.*

Base sus respuestas de las preguntas 66 a la 68 en la información de abajo y en su conocimiento de química.

Hay seis elementos en el Grupo 14 de la Tabla Periódica. Uno de esos elementos tiene el símbolo Uuq, el cual es un símbolo sistemático y temporario. Este elemento es conocido ahora como flerovio

66 Identifique un elemento en el Grupo 14 que sea clasificado como un metaloide. [1]

67 Explique, en términos de capa de electrones, porque cada elemento sucesivo en el Grupo 14 tiene un mayor radio atómico, mientras los elementos están considerados en orden de número atómico creciente. [1]

68 Afirme el número esperado de valencia de electrones en un átomo del elemento flerovio en estado fundamental. [1]

Base sus respuestas de las preguntas 69 a la 72 en la información de abajo y en su conocimiento de química.

Un estudiante hizo un brazalete de cobre martillando una pequeña barra de cobre en la forma deseada. El brazalete tiene una masa de 30.1 gramos y estuvo a una temperatura de 21°C en el aula de clases. Después de que el estudiante usó el brazalete, el mismo alcanzó una temperatura de 33°C. Luego, el estudiante se quitó el brazalete y lo colocó en un escritorio en su casa, donde se enfrió de 33°C a 19°C. La capacidad de específica del cobre es 0.385 J/g•K.

69 Explique, en términos de flujo de calor, el cambio en la temperatura del brazalete cuando el estudiante lo usó. [1]

70 Determine el número de moles de cobre en el brazalete [1]

71 Muestre un escenario numérico calculando la cantidad de calor liberada por el brazalete mientras se enfriaba en el escritorio. [1]

72 Explique, en términos de actividad química, porque el cobre es una mejor opción que el hierro para hacer el brazalete. [1]

Base sus respuestas de las preguntas 73 a la 75 en la información de abajo y en su conocimiento de química.

El agua de mar contiene sales disueltas en forma de iones. Algunos de los iones encontrados en el agua de mar son Ca^2, Mg^2, K, Na, Cl, HCO_3, and SO_4^2.

Una investigación fue llevada a cabo para determinar la concentración de sales disueltas en aguas de mar en una ubicación. Una muestra de 300 gramos de agua de mar fue colocada en un envase abierto. Tras una semana, toda el agua se había evaporado y 10 gramos of de sales sólidas permanecieron en el envase.

73 Determine la concentración, expresada como porcentaje por masa, de las sales disueltas en la muestra original de agua de mar. [1]

74 Compare a presión estándar el punto de congelación del agua de mar con el punto de congelación del agua destilada. [1]

75 Explique porque la evaporación que ocurrió durante la investigación es un proceso endotérmico. [1]

Base sus respuestas de las preguntas 76 a la 78 en la información de abajo y en su conocimiento de química.

Un estudiante hace una solución acuosa de ácido láctico. Una fórmula para una forma de ácido láctico se muestra abajo.

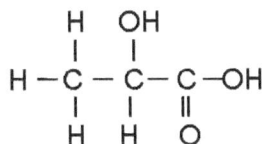

La solución es puesta en un frasco sellado para ser usada en una investigación de laboratorio. La ecuación de abajo representa el sistema de equilibrio del ácido láctico en el frasco

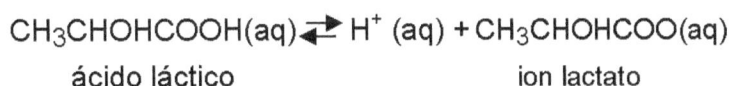

$$CH_3CHOHCOOH(aq) \rightleftharpoons H^+ (aq) + CH_3CHOHCOO(aq)$$
ácido láctico   ion lactato

76 Identifique *un* grupo orgánico funcional en una molécula de ácido láctico [1]

77 Explique, en términos de velocidades de reacción, porque las concentraciones de los reactantes y los productos permanecen constantes en este sistema. [1]

78 Explique, en términos del principio de LeChatelier, porque al incrementar la concentración of H^+ (aq) se incrementa la concentración de ácido láctico. [1]

Base sus respuestas de las preguntas 79 a la 81 en la información de abajo y en su conocimiento de química.

El cobre puede ser usado para tubos de agua. Cuando los tubos se corroen, los átomos de cobre se oxidan para formar iones de Cu^2 en el agua.

Un dueño de casa ha preparado un reporte de la calidad de agua para una muestra de agua tomada de los tubos en la casa. De acuerdo al reporte, la muestra de 550 gramos contiene 6.75×10^4 gramos de iones de Cu^2 disueltos.

79 Usando la leyenda *en su folleto de respuestas*, dibuje *dos* moléculas de agua en la caja, mostrando la orientación de *cada* molécula de agua respecto al ion de Cu^2. [1]

80 Muestre un escenario numérico calculando la concentración, en partes por millón, de iones de Cu^{2+} disueltos en la muestra de agua probada. [1]

81 Escriba una ecuación balanceada de una media reacción para la corrosión que forman los iones de Cu^2. [1]

_____

Base sus respuestas de las preguntas 82 a la 85 en la información de abajo y en su conocimiento de química.

Un reactor reproductor es un tipo de reactor nuclear. En un reactor reproductor, el uranio-238 es transformado a través de una serie de reacciones nucleares en plutonio-239.

El plutonio-239 puede someterse a fisión como se muestra en la siguiente ecuación. La X representa un producto faltante en la ecuación.

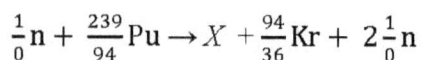

$$\frac{1}{0}n + \frac{239}{94}Pu \rightarrow X + \frac{94}{36}Kr + 2\frac{1}{0}n$$

82 Determine el número de neutrones en un átomo del isotopo de uranio usado en el reactor reproductor. [1]

83 Basado en la Tabla N, identifique el modo de desintegración del radioisótopo de plutonio producido en el reactor reproductor reactor. [1]

84 Compare la cantidad de energía liberada por 1 mol de plutonio-239 completamente fisionado con la cantidad de energía liberada por la complete combustión de un mol de metano. [1]

85 Escriba una notación para el nucleído representado por el producto faltante X en la ecuación. [1]

La Universidad del Estado de Nueva York

EVALUACIÓN DE SECUNDARIA NIVEL REGENTS

ENTORNOS FÍSICOS
QUÍMICA

Martes, 23 de Junio, 2015 — solo de 9:15 a.m. a 12:15 p.m.

La posesión o uso de cualquier dispositivo de comunicación está estrictamente prohibida mientras realice esta evaluación. Si usted tiene o utiliza cualquier dispositivo de comunicación, independientemente de lo corto de su uso, su evaluación será invalidada y ninguna puntuación le será calculada.

Esta es una prueba de su conocimiento de química. Utilice ese conocimiento para responder todas las preguntas en esta evaluación. Algunas preguntas quizás requieran el uso de la *Edición del 2011 de Tablas de Referencia para Entornos Físicos/Química*. Usted responderá todas las preguntas en todas las partes de esta evaluación de acuerdo a las directrices previstas en este folleto evaluativo.

Una hoja de respuestas separada para la Parte A y para la Parte B-1 se le ha otorgado a usted. Siga las instrucciones del coordinador para completar la información del estudiante en su hoja de respuestas. Registre sus respuestas a las preguntas de opción múltiple de la Parte A y la Parte B-1 en esta hoja de respuestas separada. Registre sus respuestas a las preguntas de la Parte B-2 y la Parte C en su folleto de respuestas separado. Asegúrese de llenar el encabezado en el frente de su folleto de respuestas.

Todas las respuestas en su folleto de respuestas deben ser escritas en bolígrafo, excepto por los gráficos y los dibujos, los cuales deben ser hechos en lápiz. Usted puede usar trozos de papel para resolver las respuestas a las preguntas, pero Asegúrese de registrar todas sus preguntas en su hoja de respuestas separada o en su folleto de respuestas como se le dijo.

Cuando usted haya finalizado la evaluación, usted debe firmar la declaración impresa en su hoja de respuestas separada, indicando que usted no tuvo conocimiento ilegal de las preguntas o respuestas previo a la evaluación y que usted no dio ni recibió asistencia respondiendo las preguntas durante la evaluación. Su hoja de respuestas y folleto de respuestas no podrán ser aceptados si usted no firma esta declaración.

Notése. . .

Una calculadora científica o de cuatro funciones y una copia de *Edición del 2011 de Tablas de Referencia para Entornos Físicos/Química* deben estar disponible para el uso mientras realiza el evaluativo.

NO ABRA ESTE FOLLETO EVALUATIVO HASTA QUE SEA DADA LA SEÑAL.

Parte A

Responda todas las preguntas en esta parte.

Direcciones (1–30): Para *cada* declaración o pregunta, registre en su hoja de respuestas separada el *número* de la palabra o expresión que, de las dadas, mejor completa la declaración o responda la pregunta. Algunas preguntas quizás requieran el uso de la *Edición del 2011 de Tablas de Referencia para Entornos Físicos/Química.*

1 Comparado con un electrón, ¿qué partícula tiene una carga que es igual en magnitud pero opuesta en signo?

   (1) una partícula alfa   (3) un neutrón

   (2) una partícula beta   (4) un protón

2 La masa de un protón es aproximadamente igual a

   (1) 1 unidad de masa atómica

   (2) 12 unidades de masa atómica

   (3) la masa de 1 mol de átomos de carbono

   (4) la masa de 12 moles de átomos de carbono

3 ¿Cuál propiedad *disminuye* cuando los elementos en el Grupo 17 son considerados en orden creciente de número atómico?

   (1) masa atómica   (3) punto de fusión

   (2) radio atómico   (4) electronegatividad

4 Cualquier sustancia compuesta de dos o más elementos que están químicamente combinados en una proporción fija es

   (1) un isómero   (3) una solución

   (2) un isotopo   (4) un compuesto

5 ¿Cuál término se refiere a que tan fuerte un átomo de un elemento atrae electrones en un enlace químico con los átomos de un elemento distinto?

   (1) entropía

   (2) electronegatividad

   (3) energía de activación

   (4) primera energía de ionización

6 En STP, ¿qué sustancia tiene enlace metálico?

   (1) cloruro de amonio   (3) yodo

   (2) óxido de bario   (4) plata

7 ¿Cuál es el número de electrones compartidos entre átomos de carbono en una molécula de acetileno?

   (1) 6   (3) 8

   (2) 2   (4) 4

8 ¿Cuál átomo en estado fundamental tiene una configuración de valencia de electrón estable?

   (1) Ar   (3) Si

   (2) Al   (4) Na

9 ¿Qué ocurre cuando dos átomos de flúor reaccionan para producir una molécula de flúor?

   (1) Se absorbe energía mientras se rompe un enlace.

   (2) Se absorbe energía mientras se forma un enlace.

   (3) Se libera energía mientras se rompe un enlace.

   (4) Se libera energía mientras se forma un enlace.

10 ¿Cuál muestra de gas en STP tiene el mismo número de moléculas que una muestra de $Cl_2(g)$ de 2.0-litros en STP?

   (1) 1.0 L de $NH_3(g)$ (3) 3.0 L de $CO_2(g)$

   (2) 2.0 L de $CH_4(g)$ (4) 4.0 L de $NO(g)$

11 Todos los átomos de uranio tienen el mismo

   (1) número de masa

   (2) número atómico

   (3) número de neutrones más protones

   (4) número de neutrones más electrones

12 La concentración de una solución puede ser expresada en

   (1) grados kelvin

   (2) mililitros

   (3) joules por kilogramo

   (4) moles por litro

13 Comparado al punto de ebullición y al punto de congelación del agua a 1 atmósfera, una solución de 1.0 M $CaCl_2$(aq) a 1 atmósfera tiene

(1) menor punto de ebullición y menor punto de congelación
(2) menor punto de ebullición y mayor punto de congelación
(3) mayor punto de ebullición y menor punto de congelación
(4) mayor punto de ebullición y mayor punto de congelación

14 De acuerdo a la teoría cinética molecular, ¿cuál declaración describe un gas ideal?

(1) Las partículas de gas son diatómicas.
(2) Se crea energía cuando las partículas de gas chocan.
(3) No hay fuerzas atractivas entre las partículas de gas.
(4) La distancia entre partículas es pequeña, comparada a su tamaño.

15 ¿Cuál cambio físico es endotérmico?

(1) CO_2(s) → CO_2(g)   (3) CO_2(g) → CO_2(ℓ)
(2) CO_2(ℓ) → CO_2(s)   (4) CO_2(g) → CO_2(s)

16 ¿Qué elemento del Grupo 16 se combina con hidrógeno para formar un compuesto que tiene el enlace de hidrógeno más fuerte entre sus partículas?

(1) oxígeno   (3) azufre
(2) selenio   (4) telurio

17 Los hidrocarburos están compuestos de los elementos

(1) carbono e hidrógeno, solamente
(2) carbono y oxígeno, solamente
(3) carbono, hidrógeno y oxígeno
(4) carbono, nitrógeno y oxígeno

18 ¿Cuál átomo está enlazado al átomo de carbono en grupo funcional de una cetona?

(1) flúor   (3) nitrógeno
(2) hidrógeno   (4) oxígeno

19 Dos tipos de reacciones orgánicas son

(1) adición y sublimación
(2) deposición y saponificación
(3) decomposición y evaporación
(4) esterificación y polimerización

20 Los isómeros butano y metilpropano tienen

(1) la misma fórmula molecular y las mismas propiedades
(2) la misma fórmula molecular y diferentes propiedades
(3) fórmulas moleculares diferentes y las mismas propiedades
(4) fórmulas moleculares diferentes y diferentes propiedades

21 En una reacción redox, ¿cuáles partículas son perdidas y ganados por igual?

(1) electrones   (3) iones de hidróxido
(2) neutrones   (4) iones de hidronio

22 ¿Cuál es el estado de oxidación para un átomo de Mn?

(1) 0   (3) +3
(2) +7   (4) +4

23 ¿Qué compuestos están clasificados como electrolitos?

(1) KNO_3 y H_2SO_4
(2) KNO_3 y CH_3OH
(3) CH_3OCH_3 y H_2SO_4
(4) CH_3OCH_3 y CH_3OH

24 ¿Qué compuesto es una base Arrhenius?

(1) CO_2 (3) $Ca(OH)_2$
(2) $CaSO_4$ (4) C_2H_5OH

25 De acuerdo a la teoría de un ácido-base, una molécula de agua actúa como una base cuando acepta

(1) un ion H^+ (3) un neutrón
(2) un ion OH^- (4) un electrón

26 Dada la ecuación representando un sistema en equilibrio:

$$N_2(g) + 3H_2(g) \rightleftharpoons 2NH_3(g)$$

¿Qué declaración describe esta reacción en equilibrio?

(1) La concentración de $N_2(g)$ disminuye.
(2) La concentración de $N_2(g)$ es constante.
(3) La velocidad de la reacción inversa disminuye.
(4) La velocidad de la reacción inversa aumenta.

27 La acidez o alcalinidad de una solución acuosa desconocido es indicada por su

(1) valor pH
(2) valor de electronegatividad
(3) concentración por porcentual por masa
(4) concentración porcentual por volumen

28 El proceso de laboratorio en el cual el volumen de una solución de concentración conocida es usado para determinar la concentración de otra solución se llama
(1) destilación
(2) fermentación
(3) titulación
(4) transmutación

29 ¿Cuál lista de emisiones nucleares está organizada en orden desde el mayor poder de penetración hacia el menor poder de penetración?

(1) partícula alfa, partícula beta, rayos gama
(2) partícula alfa, rayos gama, partícula beta
(3) rayos gama, partícula alfa, partícula beta
(4) rayos gama, partícula beta, partícula alfa

30 Dado el diagrama representando una reacción:

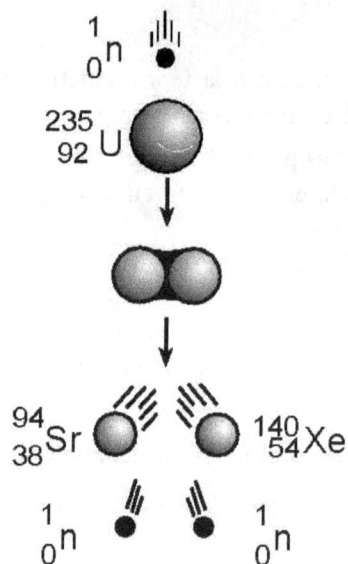

¿Cuál tipo de cambio es representado?

(1) fisión
(2) fusión
(3) deposición
(4) evaporación

Direcciones (31–50): Para *cada* declaración o pregunta, registre en su hoja de respuestas separada el *número* de la palabra o expresión que, de las dadas, mejor completa la declaración o responda la pregunta. Algunas preguntas quizás requieran el uso de la *Edición del 2011 de Tablas de Referencia para Entornos Físicos/Química*.

31 ¿Cuál capa de electrón contiene las valencias de electrón de un átomo de radio en el estado fundamental??

(1) la sexta capa   (3) la séptima capa

(2) la segunda capa   (4) la decimoctava capa

32 Cada uno de los siguientes diagramas representa en núcleo de un átomo.

¿Cuántos elementos diferentes están representados por los diagramas?

(1) 1   (3) 3

(2) 2   (4) 4

33 El cloro y el elemento X tienen propiedades químicas similares. Un átomo del elemento X puede tener una configuración de electrón de

(1) 2-2   (3) 2-8-8

(2) 2-8-1   (4) 2-8-18-7

34 ¿Cuál grupo de elementos contiene un metaloide?

(1) Grupo 8   (3) Grupo 16

(2) Grupo 2   (4) Grupo 18

35 ¿Cuál diagrama de Lewis representa un ion de fluoruro?

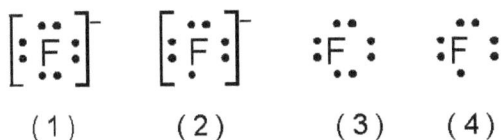

36 En la fórmula para el compuesto $X Cl_4$, la X puede representar

(1) C   (3) Mg

(2) H   (4) Zn

37 La fórmula C_2H_4 puede ser clasificada como

(1) una fórmula estructural, solamente

(2) una fórmula molecular, solamente

(3) tanto una fórmula estructural como una fórmula empírica

(4) tanto una fórmula molecular como una fórmula empírica

38 Dada la ecuación balanceada representando una reacción:

$$4Al(s) + 3O_2(g) \rightarrow 2Al_2O_3(s)$$

¿Cuántos moles de Al(s) reaccionan completamente con 4.50 moles de $O_2(g)$ para producir 3.00 moles de $Al_2O_3(s)$?

(1) 1.50 mol   (3) 6.00 mol

(2) 2.00 mol   (4) 4.00 mol

39 ¿Cuál es la composición porcentual por masa de oxígeno en $Ca(NO_3)_2$ (masa molar = 164 g/mol)?

(1) 9.8%   (3) 48%

(2) 29%   (4) 59%

40 Dada la ecuación balanceada representando una reacción:

$$6Li + N_2 \rightarrow 2Li_3N$$

¿Qué tipo de reacción química es representada por esta ecuación?

(1) síntesis   (3) desplazamiento simple

(2) decomposición   (4) doble desplazamiento

41 ¿Qué elementos pueden reaccionar para producir un compuesto molecular?

(1) calcio y cloro

(2) hidrógeno y azufre

(3) litio y flúor

(4) magnesio y oxígeno

42 Comparado a una muestra de 1.0-mol de $NaCl(s)$, una muestra de 1.0-mol de $NaCl(\ell)$ tiene un *diferente*

(1) número de iones

(2) fórmula empírica

(3) masa molar

(4) conductividad eléctrica

43 ¿Qué propiedad de una solución insaturada de cloruro de sodio en agua permanece igual cuando se añade más agua a la solución?

(1) densidad de la solución

(2) punto de ebullición

(3) masa de cloruro de sodio en la solución

(4) porcentaje por masa de agua en la solución

44 ¿Cuál ion se combina con Ba^{2+} para formar un compuesto que es más soluble en agua?

(1) S^{2-} (3) CO_3^{2-}

(2) OH^- (4) SO_4^{2-}

45 Cuando una muestra de gas es enfriada en un contenedor sellado y rígido, la presión que el gas ejerce en las paredes del contenedor disminuirá porque las partículas de gas golpean las paredes del contenedor

(1) con menos frecuencia y menos fuerza

(2) con menos frecuencia y más fuerza

(3) con más frecuencia y menos fuerza

(4) con más frecuencia y más fuerza

46 Un cilindro rígido con un pistón movible contiene 50.0 litros de un gas a 30.0°C con una presión de un 1 atmósfera. ¿Cuál es el volumen del gas en el cilindro en STP?

(1) 5.49 L   (3) 55.5 L

(2) 45.0 L   (4) 455 L

47 Dado el diagrama de energía potencial para una reacción química:

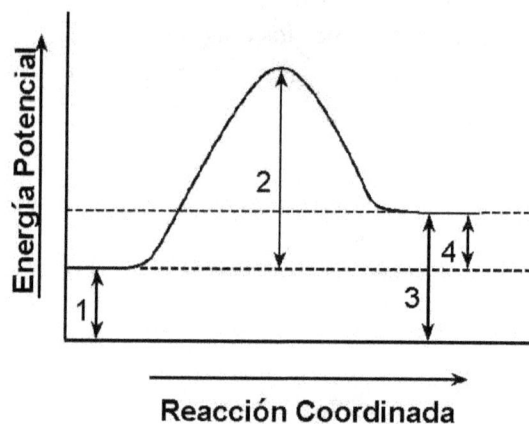

¿Cuál intervalo enumerado representa el calor de reacción?

(1) 1   (3) 3

(2) 2   (4) 4

Base sus respuestas a las preguntas 48 y 49 en la siguiente información y su conocimiento de química.

Puntos de ebullición de Alcoholes Seleccionados a 101.3 kPa

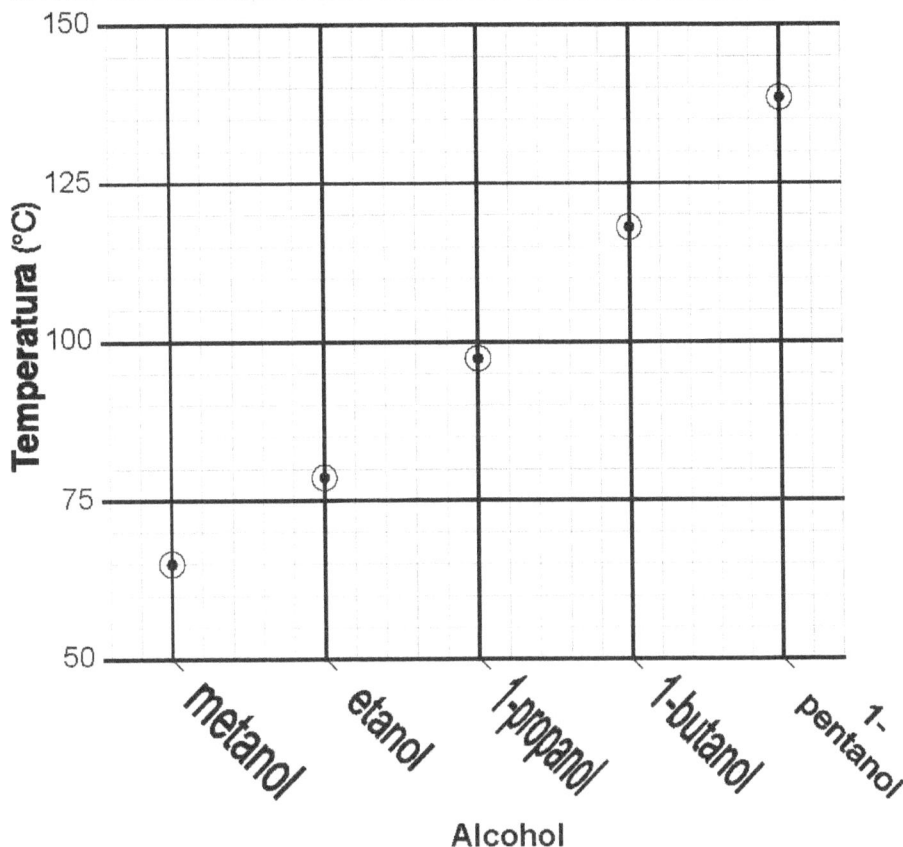

48 ¿Qué es representado por el número "1" en el nombre IUPAC para tres de esos alcoholes?

  (1) el número de isómeros para cada alcohol

  (2) el número de grupos –OH para cada átomo de carbono en cada molécula de alcohol

  (3) la ubicación de un grupo –OH en un extremo de la cadena de carbono en cada molécula de alcohol

  (4) la ubicación de un grupo –OH en el medio de la cadena de carbono en cada molécula de alcohol

49 ¿Qué puede ser concluido de este gráfico?

  (1) A 101.3 kPa, el agua tiene un mayor punto de ebullición que el 1-butanol.

  (2) A 101.3 kPa, el agua tiene un menor punto de ebullición que el etanol.

  (3) A mayor número de átomos de carbono por molécula de alcohol, menor es el punto de ebullición del alcohol.

  (4) A mayor número de átomos de carbono por molécula de alcohol, mayor es el punto de ebullición del alcohol.

50 En el laboratorio, un estudiante investiga el efecto de la concentración en la reacción entre HCl(aq) y Mg(s), cambiando solo la concentración de HCl(aq). En la siguiente tabla se muestran los datos para dos pruebas en la investigación.

Tabla de Datos

Prueba	Volumen de HCl(aq) (mL)	Concentración de HCl(aq) (M)	Masa de Mg(s) (g)	Tiempo de Reacción (s)
1	50.0	0.2	0.1	48
2	50.0	0.4	0.1	?

Comparado a la prueba 1, ¿cuál es el tiempo de reacción esperado para la prueba 2 y la explicación para ese resultado?

(1) menos de 48 s, porque hay menos choques de partículas efectivos por segundo

(2) menos de 48 s, porque hay más choques de partículas efectivos por segundo

(3) más de 48 s, porque hay menos choques de partículas efectivos por segundo

(4) más de 48 s, porque hay más choques de partículas efectivos por segundo

Parte B–2

Responda todas las preguntas en esta parte.

Direcciones (51–65): Registre sus respuestas en los espacios previstos en su folleto de respuestas. Algunas preguntas quizás requieran el uso de la *Edición del 2011 de Tablas de Referencia para Entornos Físicos/Química.*

51 Determine el volumen de una solución de 2.00 M HCl(aq) requerido para neutralizar completamente 20.0 mililitros de una solución de 1.00 M NaOH(aq). [1]

52 Determine la masa de KNO_3 que se disuelve en 100 gramos de agua a 40°C para producir una solución saturada. [1]

53 Exponga, en términos de polaridad molecular, porque el etanol es soluble en agua. [1]

Base sus respuestas a las preguntas de la 54 a la 56 en la siguiente información y su conocimiento de química.

Tres elementos, representados por *D, E,* y *Q*, son ubicados en el Período 3. En la siguiente tabla están anotadas algunas propiedades de estos elementos. El resultado experimental de un estudiante indica que la densidad del elemento *Q* es 2.10 g/cm^3, a temperatura ambiente y presión estándar.

Propiedades de las Muestras de Tres Elementos a Temperatura Ambiente y Presión Estándar

Elemento	Estado	Masa (g)	Densidad (g/cm^3)	Fórmula de Óxido
D	sólido	50.0	0.97	D_2O
E	sólido	50.0	1.74	EO
Q	sólido	50.0	2.00	QO_2 o QO_3

54 Identifique la propiedad física en la tabla que podría ser usada para diferenciar las muestras de los tres elementos entre sí. [1]

55 Identifique el grupo en la Tabla Periódica al cual el elemento *D* pertenece. [1]

56 Determine el error porcentual entre el la densidad experimental del estudiante y la densidad aceptada del elemento *Q*. [1]

Base sus respuestas a las preguntas de la 57 a la 59 en la siguiente información y su conocimiento de química.

La siguiente ecuación representa un sistema en equilibrio compuesto de $SO_2(g)$, $O_2(g)$, y $SO_3(g)$. La reacción puede ser catalizada por vanadio o platino.

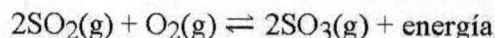

$$2SO_2(g) + O_2(g) \rightleftharpoons 2SO_3(g) + \text{energía}$$

57 Compare las velocidades de las reacciones directa y reversa en equilibrio. [1]

58 Exponga como el equilibrio cambia cuando el $SO_3(g)$ es removido del sistema. [1]

59 *En su folleto de respuestas* se muestra un diagrama de energía potencial para la reacción directa. En este diagrama, dibuje una línea discontinua para mostrar como la energía potencial cambia cuando la reacción ocurre por el camino catalizado. [1]

Base sus respuestas a las preguntas 60 y 61 en la siguiente información y su conocimiento de química.

Las fórmulas para dos compuestos se muestran abajo.

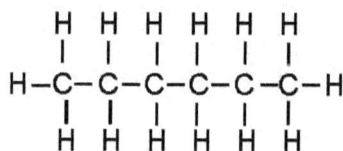

Compuesto A

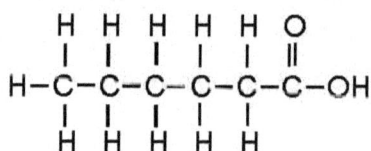

Compuesto B

60 Explique, en términos de enlace, porque el compuesto *A* está saturado. [1]

61 Explique, en términos de estructura molecular, porque las propiedades químicas del compuesto *A* son diferentes a las propiedades químicas del compuesto *B*. [1]

Base sus respuestas a las preguntas de la 62 a la 65 en la siguiente información y su conocimiento de química.

Algunos isotopos de potasio son K-37, K-39, K-40, K-41, y K-42. En la siguiente tabla se muestran la abundancia natural y la masa atómica para los isotopos naturales de potasio.

Isotopos Naturales de Potasio

Notación del Isotopo	Abundancia Natural (%)	Masa Atómica (u)
K-39	93.26	38.96
K-40	0.01	39.96
K-41	6.73	40.96

62 Identifique el modo de desintegración de K-37. [1]

63 Complete la ecuación nuclear *en su folleto de respuestas* para la desintegración de K-40 escribiendo una notación para el nucleído faltante. [1]

64 Determine la fracción de una muestra original de K-42 que permanece sin alterar tras 24.72 horas. [1]

65 Muestre un escenario numérico para el cálculo de la masa atómica de potasio. [1]

Parte C

Responda todas las preguntas en esta parte.

Direcciones (66–85): Registre sus respuestas en los espacios previstos en su folleto de respuestas. Algunas preguntas quizás requieran el uso de la *Edición del 2011 de Tablas de Referencia para Escenarios Físicos/Química.*

Base sus respuestas a las preguntas de la 66 a la 68 en la siguiente información y su conocimiento de química.

El modelo Bohr del átomo fue desarrollado en la primera parte del siglo 20. A continuación se muestra un diagrama del modelo Bohr para un átomo, en estado fundamental, de un elemento específico. El núcleo de este átomo contiene 4 protones y 5 neutrones.

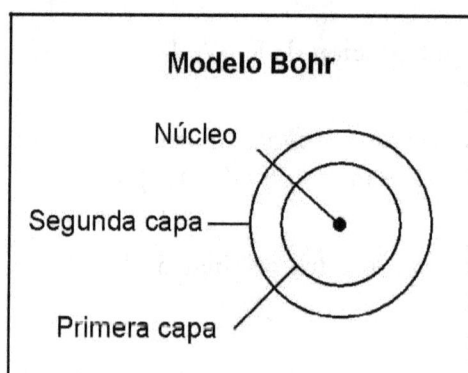

Modelo Bohr

Núcleo

Segunda capa

Primera capa

66 Exponga el número atómico y el número de masa de este elemento. [1]

67 Exponga el número de electrones en *cada* capa en este átomo en estado fundamental. [1]

68 Usando el modelo Bohr, describa los cambios en la energía de electrón y la ubicación de electrón cuando un átomo cambia del estado fundamental a un estado de excitación. [1]

Base sus respuestas a las preguntas de la 69 a la 72 en la siguiente información y su conocimiento de química.

En 1828, Friedrich Wöhler produjó urea cuando calentó una solución de cianato de amonio. La siguiente ecuación balanceada representa esta reacción.

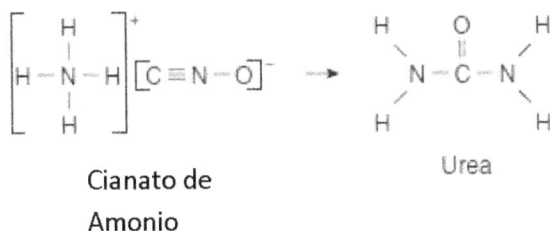

Cianato de
Amonio

Urea

69 Identifique el elemento en la urea que hace que sea un compuesto orgánico. [1]

70 Determine la masa molar del producto. [1]

71 Escriba una fórmula empírica para el producto. [1]

72 Explique porque esta ecuación balanceada representa una conservación de átomos. [1]

Base sus respuestas a las preguntas de la 73 a la 75 en la siguiente información y su conocimiento de química.

El alcohol puro o isopropilico vendido en las tiendas es 2-propanol acuoso, $CH_3CHOHCH_3$(aq). Este tipo de alcohol está disponible en concentraciones de 70% y 91% 2-propanol por volumen.

Para hacer 100 mL de 70% de 2-propanol acuoso, se diluyen 70 mL de 2-propanol con suficiente agua para producir un volumen total de 100 mL. En una investigación de laboratorio, se le da a un estudiante una muestra de 132 mL de 91% de 2-propanol acuoso para que separe usando el proceso de destilación.

73 Exponga evidencia que indique que las proporciones de los componentes en el alcohol puro o isopropilico pueden variar. [1]

74 Identifique la propiedad de los componentes que hace posible usar la destilación para separar el 2-propanol del agua. [1]

75 Determine el volumen máximo del 2-propanol en la muestra de 132 mL. [1]

Base sus respuestas a las preguntas de la 76 a la 79 en la siguiente información y su conocimiento de química.

Una muestra de agua de mar es analizada. La siguiente tabla da las concentraciones de algunos iones en la muestra.

**Concentración de Algunos Iones
en una Muestra de Agua de Mar**

Ion	Concentración (M)
Cl^-	0.545
Na^+	0.468
Mg^{2+}	0.054
So_4^{2-}	0.028
Ca^{2+}	0.010
K^+	0.010

76 Escriba una fórmula química de *un* compuesto formado por la combinación de iones K^+ con uno de esos iones mientras el agua se evapora completamente de la muestra de agua de mar. [1]

77 Determine el número de moles del ion SO_4^{2-} en una muestra de agua de mar de 1400.- litros. [1]

78 Compare el radio de un ion Mg^{2+} en el agua de mar con el radio de un átomo de Mg. [1]

79 Usando la clave *en su folleto de respuestas*, dibuje *dos* moléculas en el recuadro, mostrando la orientación de *cada* molécula de agua hacia el ion de calcio. [1]

Base sus respuestas a las preguntas de la 80 a la 82 en la siguiente información y su conocimiento de química.

Un científico burbujeo HCl(g) a través de una muestra de $H_2O(\ell)$. La siguiente ecuación balanceada representa este proceso.

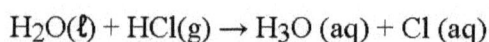

$$H_2O(\ell) + HCl(g) \rightarrow H_3O\ (aq) + Cl\ (aq)$$

El científico midió el pH del líquido en el frasco antes y después de que el gas fuera burbujeado a través del agua. El valor pH inicial del agua era 7.0 y el valor pH final de la solución era 3.0.

80 Explique, en términos de iones, porque el reactante gaseoso en la ecuación es clasificado como un ácido Arrhenius. [1]

81 ¿Cual hubiera sido el color del verde de bromocresol si hubiera sido añadido al agua en el frasco antes de que cualquier parte del HCl(g) fuera burbujeado a través del agua? [1]

82 Compare la concentración de ion de hidronio en la solución que tiene un valor pH de 3.0 con la concentración de ion de hidronio del agua. [1]

Base sus respuestas a las preguntas de la 83 a la 85 en la siguiente información y su conocimiento de química.

Un pequeño reloj digital puede ser cargado por una batería hecha de dos papas y algunos materiales caseros. La batería del "reloj de papa" consiste de dos celdas conectadas en una manera que se produzca suficiente electricidad que permita al reloj operar. En cada celda, los átomos de zinc reaccionan para formar iones de zinc. Los iones de hidrógeno del ácido fosfórico en las papas reaccionan para formar gas de hidrógeno. El siguiente diagrama etiquetado y la ecuación iónica balanceada muestran la reaccionan, los materiales, y las conexiones necesarias para hacer una batería de "reloj de papa".

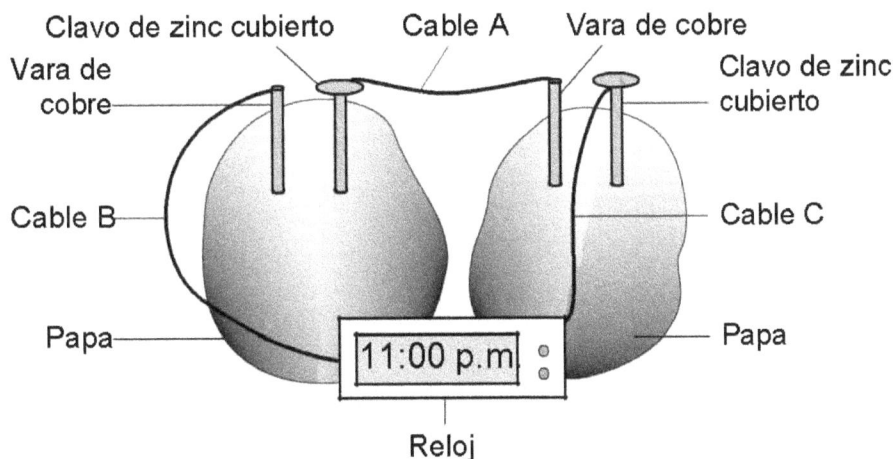

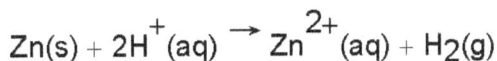

$$Zn(s) + 2H^+(aq) \rightarrow Zn^{2+}(aq) + H_2(g)$$

83 Exponga la dirección del flujo de electrón en el cable *A* mientras las dos celdas operan. [1]

84 Escriba una ecuación de medio-reacción balanceada para la oxidación que ocurre en la batería del "reloj de papa". [1]

85 Explique porque se necesita ácido fosfórico para que la batería opere. [1]

La Universidad del Estado de Nueva York

EVALUACIÓN DE SECUNDARIA NIVEL REGENTS

ENTORNOS FÍSICOS
QUÍMICA

Jueves, 13 de Agosto, 2015 — solo de 12:30 a 3:30 p.m.

La posesión o uso de cualquier dispositivo de comunicación está estrictamente prohibida mientras realice esta evaluación. Si usted tiene o utiliza cualquier dispositivo de comunicación, independientemente de lo corto de su uso, su evaluación será invalidada y ninguna puntuación le será calculada.

Esta es una prueba de su conocimiento de química. Utilice ese conocimiento para responder todas las preguntas en esta evaluación. Algunas preguntas quizás requieran el uso de la *Edición del 2011 de Tablas de Referencia para Entornos Físicos/Química*. Usted responderá todas las preguntas en todas las partes de esta evaluación de acuerdo a las directrices previstas en este folleto evaluativo.

Una hoja de respuestas separada para la Parte A y para la Parte B-1 se le ha otorgado a usted. Siga las instrucciones del coordinador para completar la información del estudiante en su hoja de respuestas. Registre sus respuestas a las preguntas de opción múltiple de la Parte A y la Parte B-1 en esta hoja de respuestas separada. Registre sus respuestas a las preguntas de la Parte B-2 y la Parte C en su folleto de respuestas separado. Asegúrese de llenar el encabezado en el frente de su folleto de respuestas.

Todas las respuestas en su folleto de respuestas deben ser escritas en bolígrafo, excepto por los gráficos y los dibujos, los cuales deben ser hechos en lápiz. Usted puede usar trozos de papel para resolver las respuestas a las preguntas, pero Asegúrese de registrar todas sus preguntas en su hoja de respuestas separada o en su folleto de respuestas como se le dijo.

Una vez que haya finalizado la evaluación, usted debe firmar la declaración impresa en su hoja de respuestas separada, indicando que usted no tuvo conocimiento ilegal de las preguntas o respuestas previo a la evaluación y que usted no dio ni recibió asistencia respondiendo las preguntas durante la evaluación. Su hoja de respuestas y folleto de respuestas no podrán ser aceptados si usted no firma esta declaración.

Notése. . .

Una calculadora científica o de cuatro funciones y una copia de *Edición del 2011 de Tablas de Referencia para Entornos Físicos/Química* deben estar disponible para el uso mientras realiza el evaluativo.

NO ABRA ESTE FOLLETO EVALUATIVO HASTA QUE SEA DADA LA SEÑAL.

Parte A

Responda todas las preguntas en esta parte.

Direcciones (1–30): Para *cada* declaración o pregunta, seleccione la palabra o expresión que, de las dadas, mejor complete la declaración o responda la pregunta. Registre sus respuestas en la hoja separada de respuestas de acuerdo a las direcciones escritas en la primera página de este folleto. Algunas preguntas podrían requerir el uso de la *Edición del 2011 de Tablas de Referencia para Entornos Físicos/Química.*

1 ¿Cuáles partículas subatómicas están a la par con sus cargas?

   (1) electrón–positiva, neutrón–negativa, protón–neutral

   (2) electrón–negativa, neutrón–neutral, protón–positiva

   (3) electrón–negativa, neutrón–positiva, protón–neutral

   (4) electrón–neutral, neutrón–positiva, protón–negativa

2 En el estado fundamental, ¿de cuál elemento un átomo tiene dos valencia de electrones?

   (1) Cr   (3) Ni

   (2) Cu   (4) Se

3 Los átomos en una muestra de un elemento están en estados excitados. Una línea espectral brillante se produce cuando estos átomos

   (1) absorben energía   (3) emiten energía

   (2) absorben positrones   (4) emiten positrones

4 ¿Cuál declaración describe un concepto incluido en el modelo mecánico de ondulatorio del átomo?

   (1) Los positrones están ubicados en capas externas al núcleo.

   (2) Los neutrones están ubicados en capas externas al núcleo.

   (3) Los protones están ubicados en orbitales externas al núcleo.

   (4) Los electrones están ubicados en orbitales externas al núcleo.

5 Todos los elementos en la Tabla Periódica moderna están ordenados en orden creciente de

   (1) masa atómica

   (2) masa molar

   (3) número de neutrones por átomo

   (4) número de protones por átomo

6 En STP, ¿cuál sustancia es un gas noble?

   (1) amoníaco   (3) neón

   (2) cloro   (4) nitrógeno

7 En STP, el oxígeno existe en dos formas, $O_2(g)$ y $O_3(g)$. Estas dos formas de oxígeno tienen

   (1) diferentes estructuras moleculares y diferentes propiedades

   (2) diferentes estructuras moleculares y las mismas propiedades

   (3) la misma estructura molecular y diferentes propiedades

   (4) la misma estructura molecular y las mismas propiedades

8 ¿Cuál declaración describe una propiedad química del sodio?

   (1) El sodio tiene un punto de fusión de 371 K.

   (2) El sodio tiene una masa molar de 23 gramos.

   (3) El sodio puede conducir electricidad en el estado líquido.

   (4) El sodio puede combinarse con cloro para producir sal.

9 ¿Cuál término identifica un tipo de reacción química?

   (1) decomposición   (3) sublimación

   (2) destilación   (4) vaporización

10 Basado en la Tabla S, ¿de cuál elemento un átomo tiene la atracción *más débil* por los electrones en un enlace químico?

   (1) polonio   (3) selenio

   (2) azufre   (4) telurio

11 Dada la siguiente ecuación balanceada:

$$F_2 + energía \rightarrow F + F$$

¿Cuál declaración describe lo que ocurre durante esta reacción?

(1) La energía es absorbida al formarse un enlace.
(2) La energía es absorbida al romperse un enlace.
(3) La energía es liberada al formarse un enlace.
(4) La energía es liberada al romperse un enlace.

12 ¿Cuáles átomos se enlazarán cuando las valencias de electrones son transferidas desde un átomo hacia el otro?

(1) O y Se
(2) O y Sr
(3) O y H
(4) O y P

13 ¿Cuál muestra de materia es una mezcla?

(1) $Br_2(\ell)$
(2) K(s)
(3) KBr(s)
(4) KBr(aq)

14 De acuerdo a la teoría cinética molecular, las colisiones entre partículas de gas en una muestra de un gas ideal

(1) aumentan el contenido de energía de la muestra de gas
(2) producen fuerzas atractivas intensas entre las partículas de gas
(3) resultan en una pérdida neta de energía por la muestra de gas
(4) transfieren energía entre las partículas de gas

15 ¿Cuál sustancia *no* puede ser quebrada por un cambio químico?

(1) etano
(2) propanona
(3) silicón
(4) agua

16 La temperatura de una muestra de materia es una medida de la

(1) energía potencial promedio de las partículas de la muestra
(2) energía cinética promedio de las partículas de la muestra
(3) energía nuclear total de la muestra
(4) energía térmica total de la muestra

17 ¿Bajo qué condiciones de temperatura y presión un gas real se comporta más como un gas ideal?

(1) 37 K y 1 atm
(2) 37 K y 8 atm
(3) 347 K y 1 atm
(4) 347 K y 8 atm

18 La proporción de cromo a hierro a carbono varía entre los diferentes tipos de acero inoxidable. Por esta razón, el acero inoxidable se clasifica como

(1) un compuesto
(2) un elemento
(3) una mezcla
(4) una sustancia

19 ¿Cuál declaración explica por qué aumentar la temperatura aumenta la rapidez de una reacción química, mientras que otras condiciones permanecen igual?

(1) Las partículas que reaccionan tienen menos energía y colisionan con menos frecuencia.
(2) Las partículas que reaccionan tienen menos energía y colisionan con más frecuencia.
(3) Las partículas que reaccionan tienen más energía y colisionan con menos frecuencia.
(4) Las partículas que reaccionan tienen más energía y colisionan con más frecuencia.

20 Un frasco abierto se llena hasta la mitad con agua a 25°C. El estado de equilibrio puede ser alcanzado tras

(1) añadir más agua al frasco
(2) tapar el frasco
(3) disminuir la temperatura a 15°C
(4) aumentar la temperatura a 35°C

21 ¿Cuál fórmula representa un compuesto orgánico insaturado?

(1) CH_4
(2) C_2H_4
(3) C_3H_8
(4) C_4H_{10}

22 Todos los isómeros de un octano tienen la misma

(1) fórmula molecular
(2) fórmula estructural
(3) propiedades físicas
(4) nombre IUPC

23 ¿Cuál fórmula representa un hidrocarburo?

(1) CH_3I
(2) CH_3NH_2
(3) CH_3CH_3
(4) CH_3OH

24 En una reacción redox, el número de electrones perdidos es igual al número de

(1) protones perdidos   (3) neutrones ganados

(2) neutrones perdidos   (4) electrones ganados

25 ¿En cuál electrodo ocurre la oxidación en una celda voltaica y en una celda electrolítica?

(1) el ánodo en una celda voltaica y el cátodo en una celda electrolítica

(2) el cátodo en una celda voltaica y el ánodo en una celda electrolítica

(3) el ánodo en ambas, tanto en una celda voltaica como en una celda electrolítica

(4) el cátodo en ambas, tanto en una celda voltaica como en una celda electrolítica

26 Basado en la teoría Arrhenius, cuando el hidróxido de potasio se disuelve en agua, el único ion negativo en la solución acuosa es

(1) O^{2-} (aq)   (3) H^- (aq)

(2) OH^{2-} (aq)   (4) OH^- (aq)

27 Comparado con el agua destilada, una solución acuosa de sal tiene

(1) mejor conductividad eléctrica

(2) peor conductividad eléctrica

(3) un menor punto de ebullición a presión estándar

(4) un mayor punto de congelación a presión estándar

29 De acuerdo a la teoría de un ácido-base, el agua puede actuar como una base porque una molécula de agua puede

(1) donar un ion H^+ (3) donar un ion H^-

(2) aceptar un ion H^+ (4) aceptar un ion H^-

29 Comparado a la semi-vida y al modo de desintegración del nucleído ^{90}Sr, el nucleído ^{226}Ra tiene

(1) una semi-vida más larga y el mismo modo de desintegración

(2) una semi-vida más larga y un modo diferente de desintegración

(3) una semi-vida más corta y el mismo modo de desintegración

(4) una semi-vida más corta y un modo diferente de desintegración

30 ¿Cuál cambio neto ocurre en una reacción de fusión nuclear?

(1) Se quiebran enlaces iónicos

(2) Se forman enlaces iónicos

(3) La energía es convertida a masa.

(4) La masa es convertida a energía.

Parte B–1

Responda todas las preguntas en esta parte.

Direcciones (31–50): Para *cada* declaración o pregunta, seleccione la palabra o expresión que, de las dadas, mejor complete la declaración o responda la pregunta. Registre sus respuestas en la hoja separada de respuestas de acuerdo a las direcciones escritas en la primera página de este folleto. Algunas preguntas podrían requerir el uso de la *Edición del 2011 de Tablas de Referencia para Entornos Físicos/Química*.

31 ¿A qué conclusión se llegó de los resultados del experimento de las láminas de oro?

(1) Un átomo es eléctricamente neutro.

(2) Un átomo es espacio vacío en su mayoría

(3) El núcleo de un átomo es cargado negativamente.

(4) Los electrones en un átomo están ubicados en capas específicas

32 ¿Qué configuración de electrón representa un átomo de magnesio en un estado de excitación?

(1) 2–7–3   (3) 2–8–2

(2) 2–7–6   (4) 2–8–5

33 ¿Cuál grupo en la Tabla Periódica tiene elementos con átomos que tienden a *no* enlazarse con los átomos de otros elementos?

(1) Grupo 1   (3) Grupo 17

(2) Grupo 2   (4) Grupo 18

34 ¿Cuál grupo en la Tabla Periódica tiene al menos un elemento en los tres estados de la materia en STP?

(1) 1   (3) 17

(2) 2   (4) 18

35 El rubidio y el cesio tiene propiedades químicas similares porque, en el estado fundamental, cada uno de los átomos de ambos elementos tienen

(1) un electrón en su capa más externa

(2) dos electrones en su capa más externa

(3) un neutrón en el núcleo

(4) dos neutrones en el núcleo

36 Al ser considerados en orden creciente de número atómico, los primeros cinco elementos en el Grupo 15, la primera energía de ionización

(1) disminuye

(2) aumenta

(3) disminuye, luego aumenta

(4) aumenta, luego disminuye

37 ¿Cuál sustancia en la siguiente tabla tiene la fuerza intermolecular más intensa?

Sustancia	Masa Molar (g/mol)	Punto de Ebullición (kelvins)
HF	20.01	293
HCl	36.46	188
HBr	80.91	207
HI	127.91	237

(1) HF   (3) HBr

(2) HCl   (4) HI

38 ¿Cuál ion en el estado fundamental tiene la misma configuración de electrón que un átomo de argón en el estado fundamental?

(1) Al^{3-} (3) K^-

(2) O^{2-} (4) F^-

39 ¿Cuál es el número de pares de electrones compartidos en una molécula de N_2?

(1) 1   (3) 3

(2) 2   (4) 6

40 ¿Cuál declaración explica por qué un enlace C–O es más polar que un enlace F–O?

(1) En STP, el carbono tiene una mayor densidad que el flúor

(2) Un átomo de carbono tiene más valencias de electrones que un átomo de flúor

(3) La diferencia en electronegatividad entre el carbono y el oxígeno es mayor que aquella entre el flúor y el oxígeno

(4) La diferencia en la primera energía de ionización entre el carbono y el oxígeno es mayor que aquella entre el flúor y el oxígeno.

41 Una mezcla consiste de arena y una solución acuosa de sal. ¿Cuál procedimiento puede ser usado para separar la arena, la sal, y el agua una de la otra?

(1) Evaporar el agua, y luego filtrar la sal.

(2) Evaporar el agua, y luego filtrar la arena.

(3) Filtrar la sal, y luego evaporar el agua.

(4) Filtrar la arena, y luego evaporar el agua.

42 Una solución acuosa tiene una masa de 490 gramos conteniendo 8.5×10^{-3} gramo de iones de calcio. La concentración de iones de calcio en esta solución es

(1) 4.3 ppm   (3) 17 ppm

(2) 8.5 ppm   (4) 34 ppm

43 Una muestra de gas de hidrógeno a 2.0 atmosferas y a 273 K ocupa un volumen de 5.0 litros. La muestra de gas se transfiere en su totalidad a un contenedor rígido y sellado de 10.0 litros. ¿Cuál es la nueva presión de la muestra de gas cuando la temperatura retorna a 273 K?

(1) 1.0 atm   (3) 3.0 atm

(2) 2.0 atm   (4) 4.0 atm

44 Dada la ecuación para un sistema en equilibrio:

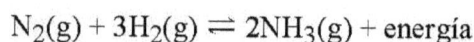

$$N_2(g) + 3H_2(g) \rightleftharpoons 2NH_3(g) + energía$$

Si se aumenta solo la concentración de $N_2(g)$, la concentración de

(1) $NH_3(g)$ aumenta

(2) $NH_3(g)$ se mantiene

(3) $H_2(g)$ aumenta

(4) $H_2(g)$ se mantiene

45 Una molécula de hidrocarburo tiene siete átomos de carbono en una cadena recta. Hay un doble enlace entre el tercer y el cuarto átomo de carbono en la cadena. El nombre IUPAC para este hidrocarburo es

(1) 3-heptino   (3) 3-hepteno

(2) 4-heptino   (4) 4-hepteno

46 Dada la ecuación balanceada representando una reacción:

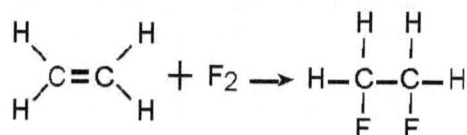

¿Qué tipo de reacción es representada por esta ecuación?

(1) adición   (3) polimerización

(2) fermentación   (4) sustitución

47 Dado el diagrama representando una celda electroquímica incompleta:

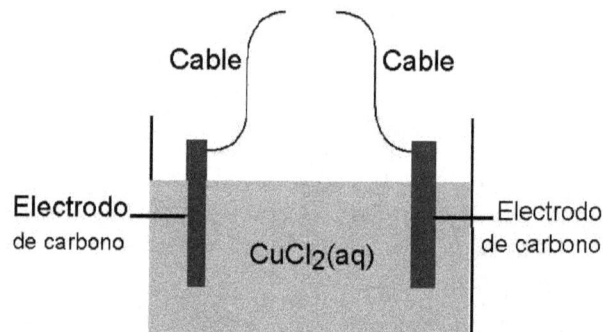

Será depositado cobre sólido en uno de los electrodos de carbono cuando los cables estén conectados a

(1) otro cable   (3) un suiche

(2) una batería   (4) un voltímetro

48 ¿Cuál es el volumen de 0.30 M NaOH(aq) necesitados para neutralizar completamente 15.0 mililitros de 0.80 M HCl(aq)?

(1) 3.6 mL   (3) 20. mL

(2) 5.6 mL   (4) 40. mL

49 ¿Cuál ecuación representa una transmutación espontánea?

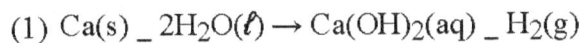

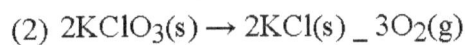

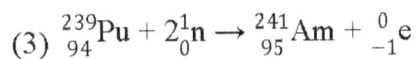

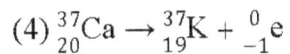

(1) $Ca(s)$ _ $2H_2O(\ell) \rightarrow Ca(OH)_2(aq)$ _ $H_2(g)$

(2) $2KClO_3(s) \rightarrow 2KCl(s)$ _ $3O_2(g)$

(3) $^{239}_{94}Pu + 2^{1}_{0}n \rightarrow ^{241}_{95}Am + ^{0}_{-1}e$

(4) $^{37}_{20}Ca \rightarrow ^{37}_{19}K + ^{0}_{-1}e$

50 ¿Qué partícula tiene dos neutrones?

(1) $^{1}_{0}n$

(2) $^{1}_{1}H$

(3) $^{2}_{1}H$

(4) $^{4}_{2}He$

Parte B–2

Responda todas las preguntas en esta parte.

Direcciones (51–65): Registre sus respuestas en los espacios previstos en el folleto separado de respuestas. Algunas preguntas quizás requieran el uso de la *Edición 2011 de las Tablas de Referencia para Entornos Físicos/Química.*

51 Determine la presión de vapor del etanol a 90°C. [1]

52 Explique, en términos de orden de partículas, por qué una muestra de NaCl sólido tiene *menos* entropía que una muestra de NaCl acuoso. [1]

53 Determine la fórmula molecular para un compuesto que tiene la fórmula empírica CH_2O y una masa molar de 120 gramos por mol. [1]

54 Un estudiante dibujó el siguiente diagrama de electrones Lewis para representar el cloruro de sodio.

Na :C̈l:

Explique por qué este diagrama *no* es una representación precisa del enlazamiento en NaCl. [1]

55 Dada la fórmula para el heptanal:

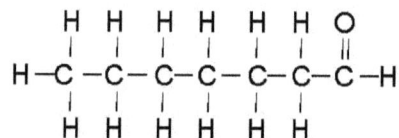

```
    H   H   H   H   H   H   O
    |   |   |   |   |   |   ||
H—C —C — C — C — C — C — C —H
    |   |   |   |   |   |
    H   H   H   H   H   H
```

Determine la masa molar del heptanal. [1]

56 Compare la masa de un protón con la masa de un electrón. [1]

57 En la naturaleza, 1.07% de los átomos en una muestra de carbono son átomos C-13. En el espacio *en su folleto de respuestas,* muestre un escenario numérico para el cálculo del número de átomos C-13 en una muestra que contiene 3.28×10^{24} átomos de carbono. [1]

Base sus respuestas a las preguntas 58 y 59 en la siguiente información y su conocimiento de química.

Una muestra de una sustancia es un líquido a 65°C. La muestra es calentada uniformemente hasta 125°C. La curva de calentamiento para la muestra a presión estándar se muestra abajo.

Curva de Calentamiento

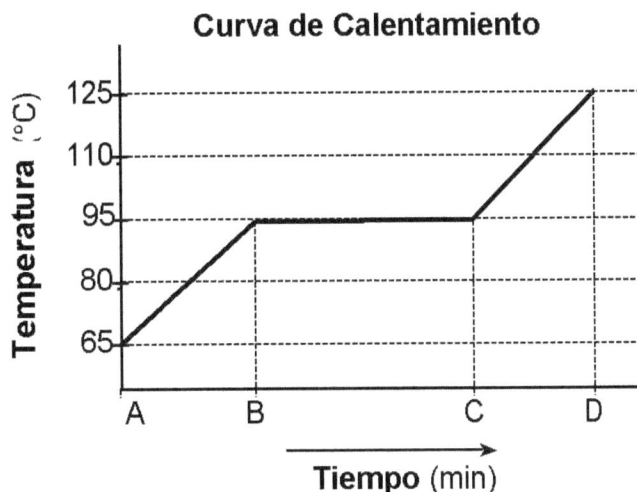

58 Determine el punto de ebullición de la muestra a presión estándar. [1]

59 Exponga que le ocurre a la energía potencial de las partículas de la muestra durante el intervalo de tiempo BC. [1]

Base sus respuestas a las preguntas 60 y 61 en la siguiente información y su conocimiento de química.

Una muestra de ácido nítrico contiene tanto iones H_3O^- como iones NO_3^-. Esta muestra tiene un valor pH de 1.

60 Escriba un nombre para el ion positivo presente en esta muestra. [1]

61 ¿Cuál es el color del anaranjado de metilo después ser añadido a esta muestra? [1]

Base sus respuestas a las preguntas de la 62 a la 65 en la siguiente información y su conocimiento de química.

Una reacción de fisión para el U-235 es representada por la siguiente ecuación nuclear.

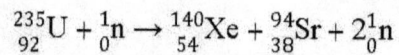

$$^{235}_{92}U + ^{1}_{0}n \rightarrow ^{140}_{54}Xe + ^{94}_{38}Sr + 2^{1}_{0}n$$

Ambos radioisótopos producidos por esta reacción de fisión atraviesan desintegración beta. La semi-vida del Xe-140 es 13.6 segundos y la semi-vida del Sr-94 es 1.25 minutos.

62 Explique, en términos de *tanto* reactantes como productos, porque la reacción representada por la ecuación nuclear es una reacción de fisión. [1]

63 Complete la ecuación *en su folleto de respuestas* para la desintegración del Xe-140 escribiendo una notación para el producto faltante. [1]

64 Determine el tiempo requerido para que una muestra original de Sr-94 de 24.0 gramos se desintegre hasta que solo 1.5 gramos de la muestra se mantengan sin alterar. [1]

65 En el diagrama *en su folleto de respuestas,* dibuje una flecha para representar el camino de una partícula beta emitida en el campo eléctrico entre dos placas de metal cargadas opuestamente. [1]

Parte C

Responda todas las preguntas en esta parte.

Direcciones (66–85): Registre sus respuestas en los espacios previstos en el folleto separado de respuestas. Algunas preguntas quizás requieran el uso de la *Edición 2011 de las Tablas de Referencia para Entornos Físicos/Química.*

Base sus respuestas a las preguntas de la 66 a la 68 en la siguiente información y su conocimiento de química.

Dos isótopos naturales de antimonio son Sb-121 y Sb-123. La siguiente tabla muestra la masa atómica y la abundancia porcentual natural para estos isótopos.

Isótopos Naturales de Antimonio

Isótopo	Masa Atómica (u)	Abundancia Natural (%)
Sb-121	120.90	57
Sb-123	122.90	43

El antimonio y el azufre se encuentran ambos en la estibina mineral, Sb_2S_3. Para obtener antimonio, la estibina se rostiza (se calienta en aire), produciendo óxidos de antimonio y azufre. La siguiente ecuación desbalanceada representa una de las reacciones que ocurre durante el tostado.

$$Sb_2S_3(s) + O_2(g) \rightarrow Sb_2O_3(s) + SO_2(g)$$

66 Determine la composición porcentual por masa de antimonio en la estibina (masa molar = 340. g/mol). [1]

67 En el espacio *en su folleto de respuestas,* muestre un escenario numérico correcto para el cálculo de la masa atómica de antimonio. [1]

68 Complete el balanceo de la ecuación *en su folleto de respuestas* para el asado de la estibina, usando el número de coeficientes enteros más pequeños. [1]

Base sus respuestas a las preguntas de la 69 a la 72 en la siguiente información y su conocimiento de química.

En una investigación de laboratorio, se disolvió cloruro de amonio en agua. Los procedimientos de laboratorio y las observaciones correspondientes hechas por un estudiante durante la investigación se muestran en la siguiente tabla.

Disolución de $NH_4Cl(s)$ en $H_2O(\ell)$

Procedimiento	Observación
1. Medir la temperatura de 10.0 mililitros (10.0 gramos) de $H_2O(\ell)$ en un tubo de ensayo.	1. La temperatura del $H_2O(\ell)$ era 25.8°C.
2. Añadir 5.0 gramos del soluto, $NH_4Cl(s)$, al $H_2O(\ell)$.	2. El $NH_4Cl(s)$ se quedó en el fondo del tubo del tubo de ensayo.
3. Agitar los contenidos del tubo de ensayo por 4 minutos.	3. Una pequeña cantidad de $NH_4Cl(s)$ se mantuvo en el fondo del tubo de ensayo.
4. Medir la temperatura de la solución de $NH_4Cl(aq)$	4. La temperatura de la solución era 11.2°C.

69 Identifique *dos* tipos de enlaces en el soluto. [1]

70 Exponga evidencia de la investigación que indique que la solución $NH_4Cl(aq)$ está saturada. [1]

71 Exponga evidencia de la investigación que indique que el proceso de disolución del $NH_4Cl(s)$ en agua es endotérmico. [1]

72 Exponga la observación que se hubiera hecho si el procedimiento 3 se repitiera con la temperatura original del $H_2O(\ell)$ a 98°C. [1]

Base sus respuestas a las preguntas 73 y 74 en la siguiente información y su conocimiento de química.

El carbón es un combustible que consiste principalmente de carbono. En un sistema abierto, el carbono que se quema en su totalidad en aire produce dióxido de carbono y calor. Esta reacción es representada por la siguiente ecuación balanceada.

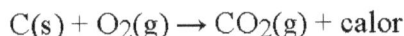

$$C(s) + O_2(g) \rightarrow CO_2(g) + calor$$

73 *En su folleto de respuestas,* use la clave para dibujar *al menos cinco* partículas en el recuadro para representar la fase de la materia. [1]

74 En el diagrama de energía potencial *en su folleto de respuestas,* dibuje una flecha de dos puntas ($\updownarrow$) para indicar el intervalo que representa el calor de la reacción. [1]

___

Base sus respuestas a las preguntas 75 y 76 en la siguiente información y su conocimiento de química.

Durante los meses de invierno, las carreteras heladas suponen una amenaza para los motorizados y puede llevar a accidentes. Una mezcla de arena y cloruro de sodio, NaCl, puede ser regado en las carreteras para que manejar en el invierno sea más seguro.

Un pueblo en New York requiere que una mezcla de arena y sal usada en calles residenciales contenga 25% o menos de NaCl por masa. Una muestra de 10.0 gramos de una mezcla de arena y NaCl fue analizada y se encontró que contenía 3.3 gramos de NaCl.

75 Exponga, en términos de punto de congelación, porque el cloruro de sodio es parte de la mezcla que se pone en las calles heladas. [1]

76 Exponga, en términos de composición por masa, porque la mezcla de la cual la muestra analizada fue tomada *no* debe ser usada en las calles residenciales del pueblo. [1]

___

Base sus respuestas a las preguntas 77 y 78 en la siguiente información y su conocimiento de química.

En una investigación de laboratorio, una solución que contiene 13.2 gramos de Pb(NO$_3$)$_2$ reacciona completamente con una solución que contiene 12.0 gramos de NaI, produciendo 18.4 gramos de PbI$_2$ y una masa indeterminada de un segundo producto, NaNO$_3$. Esta reacción es representada por la siguiente ecuación balanceada.

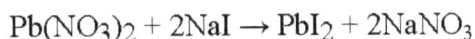

$$Pb(NO_3)_2 + 2NaI \rightarrow PbI_2 + 2NaNO_3$$

77 Identifique el compuesto producido que es insoluble en agua. [1]

78 Determine la masa del NaNO$_3$ producido. [1]

___

Base sus respuestas a las preguntas 79 y 80 en la siguiente información y su conocimiento de química.

Dos compuestos orgánicos, geraniol y linalool, pueden ser representados por la fórmula molecular $C_{10}H_{18}O$. El Geraniol tiene un olor similar al aroma de las rosas y el linalool tiene un olor similar al aroma de las frutas cítricas. Ambos compuestos son prácticamente insolubles en agua. Las fórmulas estructurales del geraniol y del linalool se muestran abajo.

Geraniol

Linalool

79 Escriba el nombre de la clase de compuesto orgánico al cual pertenecen tanto el geraniol como el linalool. [1]

80 Explique, en términos de polaridad molecular, porque el geraniol y el linalool son prácticamente insolubles en agua. [1]

_____

Base sus respuestas a las preguntas 81 y 82 en la siguiente información y su conocimiento de química.

El jugo gástrico del estómago humano tiene un valor pH de aproximadamente 1.5. El ácido hidroclórico en el jugo gástrico es necesario para el proceso de digestión. Sin embargo, el exceso de ácido hidroclórico puede dañar el revestimiento del estómago. Un tipo de antiácido usa $Mg(OH)_2(s)$ para neutralizar el exceso de ácido hidroclórico en el estómago. Esta neutralización es representada por la siguiente ecuación incompleta.

$$Mg(OH)_2(s) + 2HCl(aq) \rightarrow \underline{} (aq) + 2H_2O(\ell)$$

81 Complete la ecuación _en su folleto de respuestas_ al escribir la fórmula del producto faltante. [1]

82 Describa los cambios en _tanto_ la concentración del ion de hidrógeno como el pH del jugo gástrico de un ser humano tras ingerir este tipo de antiácido. [1]

_____

Base sus respuestas a las preguntas de la 83 a la 85 en la siguiente información y su conocimiento de química.

Los primeros científicos definieron la oxidación como una reacción química en la cual el oxígeno se combinaba con algún otro elemento para producir un óxido de ese elemento. Un ejemplo de la oxidación basado en esta definición es la combustión del metano. Esta reacción está representada por la siguiente ecuación balanceada.

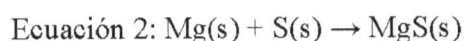

Ecuación 1: $CH_4(g) + 2O_2(g) \rightarrow CO_2(g) + 2H_2O(g)$

Desde entonces la definición de oxidación ha sido expandida de modo que incluye muchas reacciones que no involucran oxígeno. Un ejemplo de la oxidación basado en esta definición es la reacción entre una cinta de magnesio y el azufre en polvo cuando se calienta en un crisol. Esta reacción está representada por la siguiente ecuación balanceada.

Ecuación 2: $Mg(s) + S(s) \rightarrow MgS(s)$

83 Exponga porque los primeros científicos clasificaron la reacción representada por la ecuación 1 como oxidación. [1]

84 Determine el cambio en el número de oxidación del carbono en la ecuación 1. [1]

85 Escriba una ecuación de media-reacción para la oxidación que ocurre en la reacción representada por la ecuación 2. [1]

C Tablas de Referencia para Entornos Físicos/QUIMICA
Edición 2011

Tabla A
Presión Estándar y Temperatura

Nombre	Valor	Unidad
Presión Estándar	101.3 kPa 1 atm	kilopascal atmósfera
Temperatura Estándar	273 K 0°C	kelvin grados Celsius

Tabla B
Constantes Físicas para Agua

Calor de Fusión	334 J/g
Calor de Vaporización	2260 J/g
Capacidad de Calor Específica del $H_2O(\ell)$	4.18 J/g•K

Table C
Prefijos Seleccionados

Factor	Prefijo	Símbolo
10^3	kilo-	k
10^{-1}	deci-	d
10^{-2}	centi-	c
10^{-3}	mili-	m
10^{-6}	micro-	μ
10^{-9}	nano-	n
10^{-12}	pico-	p

Tabla D
Unidades Seleccionadas

Symbol	Name	Quantity
m	metro	longitud
g	gramo	masa
Pa	pascal	presión
K	kelvin	temperatura
mol	mol	cantidad de sustancia
J	joul	energía, trabajo, cantidad de calor
s	segundo	tiempo
min	minuto	tiempo
h	hora	tiempo
d	día	tiempo
y	año	tiempo
L	litro	volumen
ppm	partes por millón	concentración
M	molaridad	concentración de solución
u	unidad de masa atómica	masa atómica

Tabla E
Iones Poliatómicos Seleccionados

Fórmula	Nombre	Fórmula	Nombre
H_3O^+	hidronio	CrO_4^{2-}	cromato
Hg_2^{2+}	mercurio(I)	$Cr_2O_7^{2-}$	dicromato
NH_4^+	amonio	MnO_4^-	permanganato
$C_2H_3O_2^-$ CH_3COO^-	acetato	NO_2^-	nitrito
		NO_3^-	nitrato
		O_2^{2-}	peróxido
CN^-	cianuro	OH^-	hidróxido
CO_3^{2-}	carbonato	PO_4^{3-}	fosfato
HCO_3^-	carbonato de hidrógeno	SCN^-	tiocianato
$C_2O_4^{2-}$	oxalato	SO_3^{2-}	sulfito
ClO^-	hipoclorito	SO_4^{2-}	sulfato
ClO_2^-	clorito	HSO_4^-	sulfato de hidrógeno
ClO_3^-	clorato	$S_2O_3^{2-}$	tiosulfato
ClO_4^-	perclorato		

Tabla F
Directrices de Solubilidad para Soluciones Acuosas

Iones Que Forman Compuestos *Solubles*	Excepciones	Iones Que Forman Compuestos *Insolubles*[*]	Excepciones
Iones del Grupo 1 (Li^+, Na^+, etc.)		carbonato (CO_3^{2-})	cuando combinado con iones del Grupo 1 o amonio (NH_4^+)
amonio (NH_4^+)		cromato (CrO_4^{2-})	cuando combinado con iones del Grupo 1, Ca^{2+}, Mg^{2+}, o amonio (NH_4^+)
nitrato (NO_3^-)			
acetato ($C_2H_3O_2^-$ o CH_3COO^-)		fosfato (PO_4^{3-})	cuando combinado con iones del Grupo 1 o amonio (NH_4^+)
carbonato de hidrógeno (HCO_3^-)		sulfuro (S^{2-})	cuando combinado con iones del Grupo 1 o amonio (NH_4^+)
clorato (ClO_3^-)		hidróxido (OH^-)	cuando combinado con iones del Grupo 1, Ca^{2+}, Ba^{2+}, Sr^{2+}, o amonio (NH_4^+)
halidos (Cl^-, Br^-, I^-)	cuando combinados con Ag^+, Pb^{2+}, or Hg_2^{2+}		
sulfatos (SO_4^{2-})	cuando combinado con Ag^+, Ca^{2+}, Sr^{2+}, Ba^{2+}, or Pb^{2+}		

[*]compuestos que tienen muy baja solubilidad en el H_2O

Tabla G
Curvas de Solubilidad en Presión Estándar

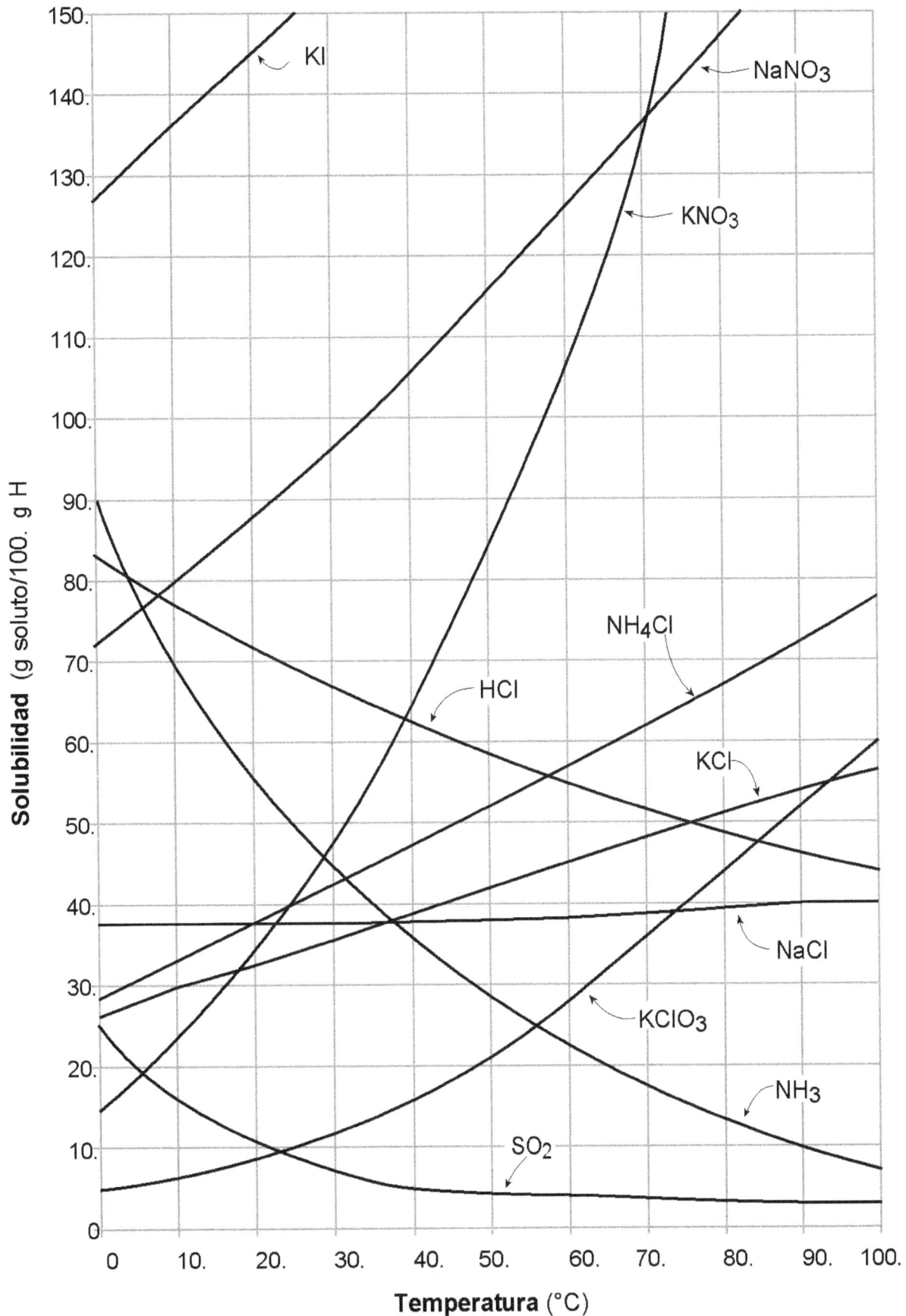

Solubilidad (g soluto/100. g H)

Temperatura (°C)

Tabla H
Presión de Vapor de Cuatro Líquidos

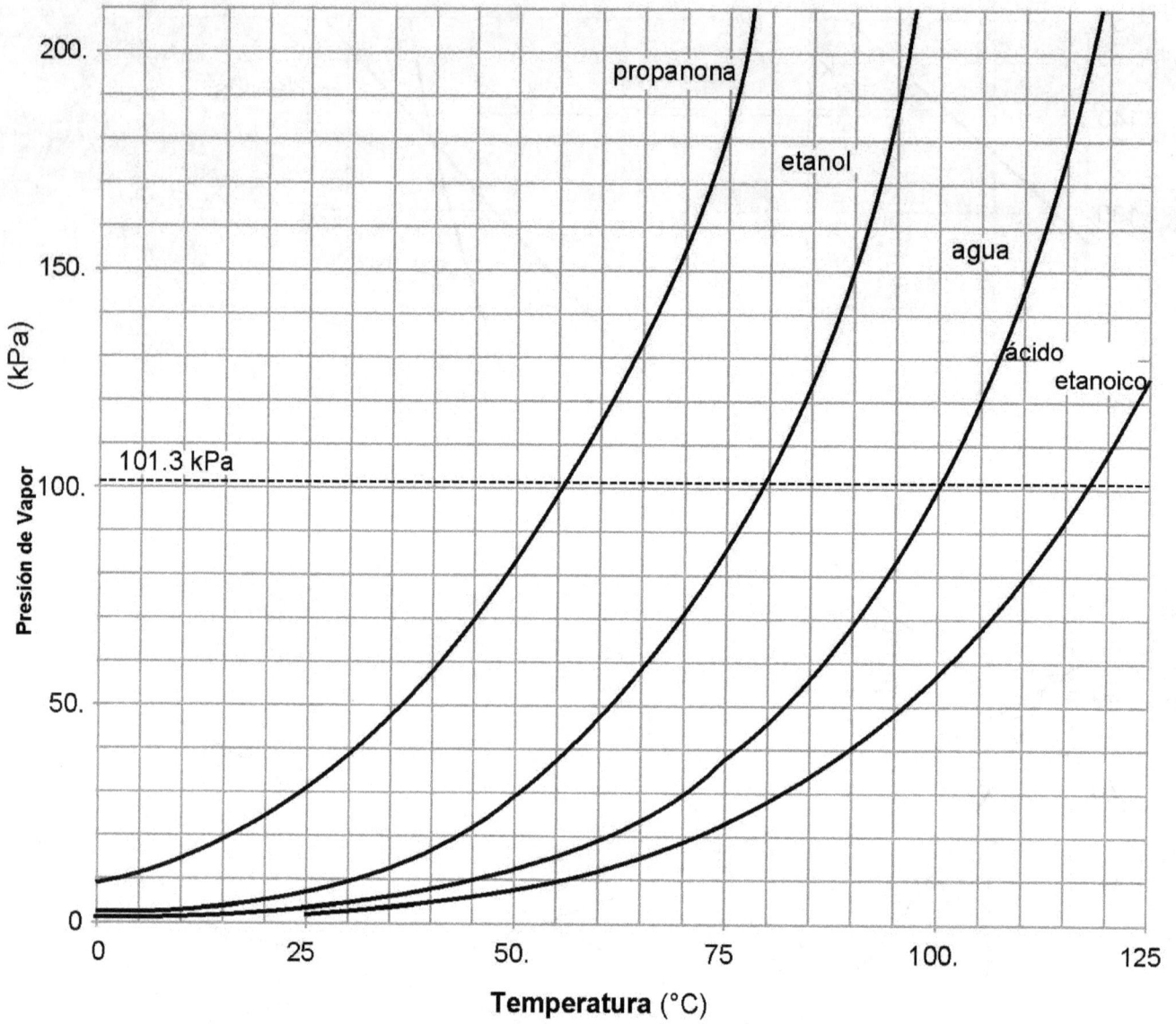

Gráfica de Presión de Vapor (kPa) en función de la Temperatura (°C) para cuatro líquidos: propanona, etanol, agua, y ácido etanoico. Se muestra una línea discontinua en 101.3 kPa.

Tabla I
Calores de Reacción a 101.3 kPa y 298 K

Reacción	(kJ)*
$CH_4(g) + 2O_2(g) \rightarrow CO_2(g) + 2H_2O(l)$	−890.4
$C_3H_8(g) + 5O_2(g) \rightarrow 3CO_2(g) + 4H_2O(l)$	−2219.2
$2C_8H_{18}(l) + 25O_2(g) \rightarrow 16CO_2(g) + 18H_2O(l)$	−10943
$2CH_3OH(l) + 3O_2(g) \rightarrow 2CO_2(g) + 4H_2O(l)$	−1452
$C_2H_5OH(l) + 3O_2(g) \rightarrow 2CO_2(g) + 3H_2O(l)$	−1367
$C_6H_{12}O_6(s) + 6O_2(g) \rightarrow 6CO_2(g) + 6H_2O(l)$	−2804
$2CO(g) + O_2(g) \rightarrow 2CO_2(g)$	−566.0
$C(s) + O_2(g) \rightarrow CO_2(g)$	−393.5
$4Al(s) + 3O_2(g) \rightarrow 2Al_2O_3(s)$	−3351
$N_2(g) + O_2(g) \rightarrow 2NO(g)$	+182.6
$N_2(g) + 2O_2(g) \rightarrow 2NO_2(g)$	+66.4
$2H_2(g) + O_2(g) \rightarrow 2H_2O(g)$	−483.6
$2H_2(g) + O_2(g) \rightarrow 2H_2O(l)$	−571.6
$N_2(g) + 3H_2(g) \rightarrow 2NH_3(g)$	−91.8
$2C(s) + 3H_2(g) \rightarrow C_2H_6(g)$	−84.0
$2C(s) + 2H_2(g) \rightarrow C_2H_4(g)$	+52.4
$2C(s) + H_2(g) \rightarrow C_2H_2(g)$	+227.4
$H_2(g) + I_2(g) \rightarrow 2HI(g)$	+53.0
$KNO_3(s) \xrightarrow{H_2O} K^+(aq) + NO_3^-(aq)$	+34.89
$NaOH(s) \xrightarrow{H_2O} Na^+(aq) + OH^-(aq)$	−44.51
$NH_4Cl(s) \xrightarrow{H_2O} NH_4^+(aq) + Cl^-(aq)$	+14.78
$NH_4NO_3(s) \xrightarrow{H_2O} NH_4^+(aq) + NO_3^-(aq)$	+25.69
$NaCl(s) \xrightarrow{H_2O} Na^+(aq) + Cl^-(aq)$	+3.88
$LiBr(s) \xrightarrow{H_2O} Li^+(aq) + Br^-(aq)$	−48.83
$H^+(aq) + OH^-(aq) \rightarrow H_2O(l)$	−55.8

*Los valores H están basados en cantidades molares representadas en las ecuaciones.
Un signo negativo indica una reacción exotérmica.

Table J
Activity Series**

Más Activo	Metales	No metales	Más Activo
	Li	F_2	
	Rb	Cl_2	
	K	Br_2	
	Cs	I_2	
	Ba		
	Sr		
	Ca		
	Na		
	Mg		
	Al		
	Ti		
	Mn		
	Zn		
	Cr		
	Fe		
	Co		
	Ni		
	Sn		
	Pb		
	H_2		
	Cu		
	Ag		
Menos Activo	Au		Menos Activo

**Las series de actividad están basadas en el hidrógeno estándar. El H_2 *no* es un metal.

Tabla K
Ácidos Comunes

Fórmula	Nombre
HCl(aq)	ácido hidroclorhidrico
HNO_2(aq)	ácido nitroso
HNO_3(aq)	ácido nítrico
H_2SO_3(aq)	ácido sulfuroso
H_2SO_4(aq)	ácido sulfurico
H_3PO_4(aq)	ácido fosfórico
H_2CO_3(aq) o CO_2(aq)	ácido carbónico
CH_3COOH(aq) o $HC_2H_3O_2$(aq)	ácido etanoico (ácido acético)

Tabla L
Bases Comunes

Fórmula	Nombre
NaOH(aq)	hidróxido de sodio
KOH(aq)	hidróxido de potasio
$Ca(OH)_2$(aq)	hidróxido de calcio
NH_3(aq)	amoníaco acuoso

Tabla M
Indicadores Ácido-Base Comunes

Indicador	Rango pH Aproximado para Cambio de Color	Cambio de Color
naranja de metilo	3.1–4.4	rojo a amarillo
azul de bromotimol	6.0–7.6	amarillo a azul
fenolftaleína	8–9	incoloro a rosado
tornasol	4.5–8.3	rojo a azul
verde de bromocresol	3.8–5.4	amarillo a azul
azul de timol	8.0–9.6	amarillo a azul

Fuente: *The Merck Index*, 14th ed., 2006, Merck Publishing Group

Tabla N
Radioisotopos Seleccionados

Nucleído	Semi-Vida	Modo de Desintegración	Nombre de Nucleído
^{198}Au	2.695 d	β^-	oro-198
^{14}C	5715 a	β^-	carbono-14
^{37}Ca	182 ms	β^+	calcio-37
^{60}Co	5.271 a	β^-	cobalto-60
^{137}Cs	30.2 a	β^-	cesio-137
^{53}Fe	8.51 min	β^+	hierro-53
^{220}Fr	27.4 s	α	francio-220
^{3}H	12.31 a	β^-	hidrógeno-3
^{131}I	8.021 d	$\beta-$	yodo-131
^{37}K	1.23 s	β^+	potasio-37
^{42}K	12.36 h	β^-	potasio-42
^{85}Kr	10.73 a	β^-	kripton-85
^{16}N	7.13 s	β^-	nitrógeno-16
^{19}Ne	17.22 s	β^+	neón-19
^{32}P	14.28 d	β^-	fosforo-32
^{239}Pu	2.410×10^4 a	α	plutonio-239
^{226}Ra	1599 a	α	radio-226
^{222}Rn	3.823 d	α	radón-222
^{90}Sr	29.1 a	β^-	estroncio-90
^{99}Tc	2.13×10^5 a	β^-	tecnecio-99
^{232}Th	1.40×10^{10} a	α	torio-232
^{233}U	1.592×10^5 a	α	uranio-233
^{235}U	7.04×10^8 a	α	uranio-235
^{238}U	4.47×10^9 a	α	uranio-238

Fuente: *CRC Handbook of Chemistry and Physics*, 91st ed., 2010–2011, CRC Press

Tabla O
Símbolos Usados en Química Nuclear

Nombre	Notación	Símbolo
partícula alfa	^4_2He o $^4_2\alpha$	α
partícula beta	$^0_{-1}e$ o $^0_{-1}\beta$	β^-
radiación gama	$^0_0\gamma$	γ
neutrón	^1_0n	n
protón	^1_1H o ^1_1p	p
positrón	$^0_{+1}e$ o $^0_{+1}\beta$	β^+

Tabla P
Prefijos Orgánicos

Prefijo	Número de Átomos de Carbono
met-	1
et-	2
prop-	3
but-	4
pent-	5
hex-	6
hept-	7
oct-	8
non-	9
dec-	10

Tabla Q
Serie Homóloga de Hidrocarburos

Nombre	Fórmula General	Ejemplos	
		Nombre	Fórmula Estructural
alcanos	C_nH_{2n+2}	etano	H—C—C—H (etano)
alquenos	C_nH_{2n}	eteno	C=C (eteno)
alquinos	C_nH_{2n-2}	etino	H—C≡C—H

Nota: n = número de átomos de carbono

Tabla R
Grupos Funcionales Orgánicos

Clase de Compound	Grupo Funcional	Fórmula General	Ejemplo
halogenuro (halocarbono)	—F (fluoro-) —Cl (cloro-) —Br (bromo-) —I (iodo-)	$R—X$ (X representa algún halógeno)	$CH_3CHClCH_3$ 2-cloropropano
alcohol	—OH	$R—OH$	$CH_3CH_2CH_2OH$ 1-propanol
éter	—O—	$R—O—R'$	$CH_3OCH_2CH_3$ etil metil éter
aldehído	$\overset{\displaystyle O}{\overset{\|}{—C}}—H$	$R—\overset{\displaystyle O}{\overset{\|}{C}}—H$	$CH_3CH_2\overset{\displaystyle O}{\overset{\|}{C}}—H$ propanal
cetona	$—\overset{\displaystyle O}{\overset{\|}{C}}—$	$R—\overset{\displaystyle O}{\overset{\|}{C}}—R'$	$CH_3\overset{\displaystyle O}{\overset{\|}{C}}CH_2CH_2CH_3$ 2-pentanona
ácido orgánico	$—\overset{\displaystyle O}{\overset{\|}{C}}—OH$	$R—\overset{\displaystyle O}{\overset{\|}{C}}—OH$	$CH_3CH_2\overset{\displaystyle O}{\overset{\|}{C}}-OH$ ácido propanoico
éster	$—\overset{\displaystyle O}{\overset{\|}{C}}—O—$	$R—\overset{\displaystyle O}{\overset{\|}{C}}—O—R'$	$CH_3CH_2COCH_3$ propanoato de metilo
amina	$—\overset{\|}{N}—$	$R—\overset{\overset{\displaystyle R'}{\|}}{N}—R''$	$CH_3CH_2CH_2NH_2$ 1-propanamina
amida	$—\overset{\displaystyle O}{\overset{\|}{C}}—NH$	$R—\overset{\displaystyle O}{\overset{\|}{C}}—\overset{\overset{\displaystyle R'}{}}{NH}$	$CH_3CH_2\overset{\displaystyle O}{\overset{\|}{C}}—NH_2$ propanamida

Note: R representa un átomo enlazado o un grupo de átomos.

Tabla Periódica de los Elementos

KEY

Masa Atómica → 12,011
Símbolo → C
Número Atómico → 6
Configuración de Electrón → 2-4

Estados de Oxidación Seleccionados: −4, +2, +4

Las masas atómicas relativas se basan en $^{12}C = 12$ (exacto)

Nota: Números en parentesis son números de masa del isótopo más estable o común

Grupo

Periodo

*denota la presencia de (2-8-) para los elementos de números atómicos 72 y superior

**Los nombres sistemáticos y símbolos para los elementos de números atómicos 113 y superior serán usados hasta la aprobación de nombres triviales por la IUPAC.

Fuente: *CRC Handbook of Chemistry and Physics*, 91st ed. 2010–2011, CRC Press

Tabla S - Propiedades de Elementos Seleccionados

Número Atómico	Símbolo	Nombre	Primera Energía Ionización (kJ/mol)	Electro-negatividad	Punto de Fusión (K)	Punto de* Ebullición (K)	Densidad** (g/cm³)	Radio Atómico (pm)
1	H	hidrógeno	1312	2.2	14	20.	0.000082	32
2	He	helio	2372	—	—	4	0.000164	37
3	Li	litio	520.	1.0	454	1615	0.534	130.
4	Be	berilio	900.	1.6	1560.	2744	1.85	99
5	B	boro	801	2.0	2348	4273	2.34	84
6	C	carbono	1086	2.6	—	—	—	75
7	N	nitrógeno	1402	3.0	63	77	0.001145	71
8	O	oxígeno	1314	3.4	54	90.	0.001308	64
9	F	fluor	1681	4.0	53	85	0.001553	60.
10	Ne	neon	2081	—	24	27	0.000825	62
11	Na	sodio	496	0.9	371	1156	0.97	160.
12	Mg	magnesio	738	1.3	923	1363	1.74	140.
13	Al	aluminio	578	1.6	933	2792	2.70	124
14	Si	silicon	787	1.9	1687	3538	2.3296	114
15	P	fosforo (blanco)	1012	2.2	317	554	1.823	109
16	S	azufre (monoclinico)	1000.	2.6	388	718	2.00	104
17	Cl	cloro	1251	3.2	172	239	0.002898	100.
18	Ar	argon	1521	—	84	87	0.001633	101
19	K	potasio	419	0.8	337	1032	0.89	200.
20	Ca	calcio	590.	1.0	1115	1757	1.54	174
21	Sc	escandio	633	1.4	1814	3109	2.99	159
22	Ti	titanio	659	1.5	1941	3560.	4.506	148
23	V	vanadio	651	1.6	2183	3680.	6.0	144
24	Cr	cromo	653	1.7	2180.	2944	7.15	130.
25	Mn	manganeso	717	1.6	1519	2334	7.3	129
26	Fe	hierro	762	1.8	1811	3134	7.87	124
27	Co	cobalto	760.	1.9	1768	3200.	8.86	118
28	Ni	niquel	737	1.9	1728	3186	8.90	117
29	Cu	cobre	745	1.9	1358	2835	8.96	122
30	Zn	zinc	906	1.7	693	1180.	7.134	120.
31	Ga	galio	579	1.8	303	2477	5.91	123
32	Ge	germanio	762	2.0	1211	3106	5.3234	120.
33	As	arsenico (gris)	944	2.2	1090.	—	5.75	120.
34	Se	selenio (gris)	941	2.6	494	958	4.809	118
35	Br	bromo	1140.	3.0	266	332	3.1028	117
36	Kr	kripton	1351	—	116	120.	0.003425	116
37	Rb	rubidio	403	0.8	312	961	1.53	215
38	Sr	estroncio	549	1.0	1050.	1655	2.64	190.
39	Y	itrio	600.	1.2	1795	3618	4.47	176
40	Zr	circonio	640.	1.3	2128	4682	6.52	164

Número Atómico	Símbolo	Nombre	Primera Energía de Ionización (kJ/mol)	Electro-negatividad	Punto de Fusión (K)	Punto de Ebullición (K)	Densidad** (g/cm³)	Radio Atómico (pm)
41	Nb	niobio	652	1.6	2750.	5017	8.57	156
42	Mo	molibdeno	684	2.2	2896	4912	10.2	146
43	Tc	tecnecio	702	2.1	2430.	4538	11	138
44	Ru	rutenio	710.	2.2	2606	4423	12.1	136
45	Rh	rodio	720.	2.3	2237	3968	12.4	134
46	Pd	paladio	804	2.2	1828	3236	12.0	130.
47	Ag	plata	731	1.9	1235	2435	10.5	136
48	Cd	cadmio	868	1.7	594	1040.	8.69	140.
49	In	indio	558	1.8	430.	2345	7.31	142
50	Sn	estaño (blanco)	709	2.0	505	2875	7.287	140.
51	Sb	antimonio (gris)	831	2.1	904	1860.	6.68	140.
52	Te	telurio	869	2.1	723	1261	6.232	137
53	I	yodo	1008	2.7	387	457	4.933	136
54	Xe	xenon	1170.	2.6	161	165	0.005366	136
55	Cs	cesio	376	0.8	302	944	1.873	238
56	Ba	bario	503	0.9	1000.	2170.	3.62	206
57	La	lantano	538	1.1	1193	3737	6.15	194
Elementos 58–71 han sido omitidos.								
72	Hf	hafnio	659	1.3	2506	4876	13.3	164
73	Ta	tantalo	728	1.5	3290.	5731	16.4	158
74	W	tungsteno	759	1.7	3695	5828	19.3	150.
75	Re	renio	756	1.9	3458	5869	20.8	141
76	Os	osmio	814	2.2	3306	5285	22.587	136
77	Ir	iridium	865	2.2	2719	4701	22.562	132
78	Pt	platino	864	2.2	2041	4098	21.5	130.
79	Au	oro	890.	2.4	1337	3129	19.3	130.
80	Hg	mercurio	1007	1.9	234	630.	13.5336	132
81	Tl	talio	589	1.8	577	1746	11.8	144
82	Pb	plomo	716	1.8	600.	2022	11.3	145
83	Bi	bismuto	703	1.9	544	1837	9.79	150.
84	Po	polonio	812	2.0	527	1235	9.20	142
85	At	astato	—	2.2	575			148
86	Rn	radon	1037	—	202	211	0.009074	146
87	Fr	francio	393	0.7	300.	—	—	242
88	Ra	radio	509	0.9	969	—	5	211
89	Ac	actinio	499	1.1	1323	3471	10.	201
Elementos 90 y superior han sido omitidos.								

*punto de ebullición a presión estándar
**densidad de solidos y liquidos a temperatura ambiente y densidad de gases a 298 K y 101.3 kPa
— datos no disponibles
Fuente: *CRC Handbook for Chemistry and Physics*, 91st ed., 2010–2011. CRC Press

Densidad	$d = \dfrac{m}{V}$	d = densidad m = masa V = volumen
Cálculos de Mol	número de moles = $\dfrac{\text{masa dada}}{\text{masa molar}}$	
Porcentaje de Error	% error = $\dfrac{\text{valor medido} - \text{valor aceptado}}{\text{valor aceptado}} \cdot 100$	
Composición Porcentual	% composición por masa = $\dfrac{\text{masa de parte}}{\text{masa del todo}} \cdot 100$	
Concentración	partes por millón = $\dfrac{\text{masa de soluto}}{\text{masa de solución}} \cdot 1000000$	
	molaridad = $\dfrac{\text{moles del soluto}}{\text{litros de solución}}$	
Ley Combinada de Gases	$\dfrac{P_1 V_1}{T_1} = \dfrac{P_2 V_2}{T_2}$	P = presión V = volumen T = temperatura
Titulación	$M_A V_A = M_B V_B$	M_A = molaridad de H^+ M_B = molaridad de OH^- V_A = volumen del acido V_B = volumen de base
Calor	$q = mC\,T$ $q = mH_f$ $q = mH_v$	q = calor H_f = calor de fusión m = masa H_v = calor de vaporización C = capacidad calorífica específica T = cambio en temperatura
Temperatura	$K = {}^\circ C + 273$	K = kelvin ${}^\circ C$ = grados Centígrados

Fórmulas y Ecuaciones Importantes

www.ingramcontent.com/pod-product-compliance
Lightning Source LLC
Chambersburg PA
CBHW051215200326
41519CB00025B/7120